小島寛之 著
葛城かえで シナリオ制作
薙澤なお 作画

マンガでやさしくわかる統計学

Statistics

日本能率協会マネジメントセンター

はじめに
統計学に強くなる、仕事に活かす

現在、統計学に対する関心が非常に高まっています。とりわけ、ビジネスシーンでは、必須アイテムの座に就きつつあります。

その背景には、米国の企業が、ビジネスにマーケティングという技術を導入していることがあります。これは市場の動向を科学的に探ろう、というものです。

マーケティングにおいては、消費者の嗜好（プレファレンス）を見抜くことが最も大切です。マーケターたちは、統計学を使って市場調査をし、商品の企画を立て、売り込みを行うのです。その手法は、完全に統計学に立脚する科学的なものです。驚くべきことですが、消費者の動向には科学法則が存在していて、統計学を使えばそれらをあぶり出すことが可能なのです。

そんな米国企業の戦略を見て、わが国のビジネスパーソンも「統計学を知りたい、わかりたい」という欲求を強くしています。

ところが、残念なことに、日本語の統計学の教科書はアカデミックに書かれたものばかりで、ビジネスへの配慮がありません。学者になりたい人が学ぶにはいいのですが、ビジネスに活かそうと思うと「あさっての方向」と感じることでしょう。

さらに困ったことには、これらの教科書は、高校以上の数学を前提として書かれています。したがって、学習者がこれらの教科書を手にすると、「難しい上にピントもずれている」という二重苦に陥りがちです。

本書は、その困難を克服するために、ふたつの工夫をしました。

第一の工夫は、「ストーリー・マンガを使って、ビジネスにピントを合わせる」ことです。「マンガ統計学」と題された本はこれまでもたくさんありましたが、それらはだいたい「登場人物が統計学を講義する」というもので、統計学自体のストーリーがありません。

本書はそれらとは異なり、登場人物たちが統計学を実際のビジネスに活かしていくストーリーになっています。そのビジネスも、「商店街を復活させる」という卑近でリアルな題材を選びました。

第二の工夫は、「高度な数学をイメージ図に置き換える」ことです。ページをぱらぱらめくってもらえばわかるのですが、多くのイメージ図によって、統計学の数式を図像化しています。とりわけ、推測統計の本質でありながら最も理解の難しい無限母集団を、「福引き箱」のイメージ図を使って具体化する工夫は、本書最高の「売り」です。本書がマンガを使った解説書であることが、このようなイメージ図の手法とマッチし、読者の理解を強化できる自信があります。

もう少し具体的に内容を紹介しましょう。

統計学には、記述統計と推測統計があります。記述統計とは、データセットからその特徴をあぶり出す手法です。一方、推測統計とは、記述統計の計算と確率の理論を組み合わせて、「データを生み出す背後の確率的なしくみ」を見抜く手法です。

データセットは単なる数字の羅列にすぎません。これらを眺めて、その特徴を見抜いたり、秘密を見破ったりできる人は多くありません。この「見破り」をどんな人にも可能にするのが記述統計なのです。ちょっとした計算で誰もが簡単に「見破りの奥義」を手に入れられます。

最も重要な奥義は標準偏差と呼ばれる計算です。マンガの第１章では、主人公が標準偏差を使って、自分の失敗に気がつきます。第１章の解説部分では、標準偏差の計算法とその意味、使い方を詳しく説明します。標準偏差にたくさんのページをさいているのが、本書の大きな特徴です。

第２章では、正規分布を扱います。正規分布は、推測統計をサポートする重要アイテムですが、高度な数学を使うため、多くの学習者はここで挫折を余儀なくされます。

本書では、読者が挫折しないよう、マンガのストーリーの中で大まかな見方を与えます。その上で、第２章の解説において、「福引き箱」のイメージ化を導入しました。このイメージ化は、類書がないオリジナルなものです。このイメージを体得すれば、本書ばかりでなく、もっと発展的な教科書で勉強する際にも、強力な武器となるでしょう。

第３章では、推測統計の基本中の基本である、仮説検定を扱います。仮説検定というのは、「仮説を立て、データからその正否を判断する」という技術です。マンガでは、主人公が仮説検定の技術を用いて、商店街が苦境に陥っている重要な秘密をさぐりあてます。そして、マンガでは省略されている計算の部分を解説で詳しく説明します。

本書の解説のオリジナリティは、「仮説検定の背後にあるロジック」をきちんと説明することにあります。仮説検定の手続き自体は、そんなに難しいものではありませんが、「なぜ、そうやるのか」という点は、ふつうの教科書には明記されていないことが多いです。そのため、多くの学習者はモヤモヤした気分が残るのです。本書では、その点を「これでもか」というぐらいに徹底的に掘り下げています。ここでも「福引き箱」のイメージが活躍します。

第４章は、区間推定の説明をします。区間推定とは、「ピンポイントの推定では当たらないから、幅をもたせて推定する」という、しごく自然な推定方法で、マンガでも主人公が最後の決断のために使います。

「自然だ」とは言っても、あまりに広い幅をとるのはナンセンスですから、どこかで止めなければなりません。そのために導入されているのが「95パーセント信頼区間」という考え方です。しかし、この「95パーセント」の「95」とは何なのかを、初学者は誤解しやすいのです。本書では、この点を、仮説検定と関係づけることによって正しく理解してもらいます。

ここまで来れば、推測統計のバックボーンとなっている「思想」のようなものを、読者も十分に納得できることでしょう。

以上の仮説検定と区間推定を習得できれば、統計学の免許皆伝です。

もちろん、統計学には、もっとたくさんの計算法や推定法がありますが、それらは別種の確率理論を用いるだけのことで、発想自体は同じです。したがって、それらの計算法や推定法を教科書で勉強する際にも、本書を読んだことが直接的に役立つことでしょう。

それでは皆さん、かわいい晴香ちゃん（本書の主人公）と一緒に、統計学の修行に出発しよう！

マンガでやさしくわかる統計学　目次

第2章　正規分布
～統計学の親玉を攻略する～

第4章　区間推定
～安全な予測を行う～

統計学か…

プロローグ

統計学とは

STORY 0
勘で決めて何が悪い!?
君ね　発注量を勝手に
倍に増やすなんて！
どうしてこんな
ことしたんだ!!
勘です
か…
勘だって！
4年間の経験で
ここはイケると
判断したんです
三浦晴香（26）
バカモン!!
君の勘なんて
必要ない！
大量の在庫の責任を
どうとるのだっ！
君はいつもそうだ
この前だって…
長い間お世話に
なりました
バタン
え－…
…だったら
責任をとって
辞めます
えっ　いや
そこまで言ってる
わけじゃ…
スタ
くるっ
スタ
……

三浦洋食店
☎ 000-×××
平日11時から14時まで
ランチ
ム～…
……
フキ
フキ
はぁ…
それで会社
辞めちゃったの
…だって
課長信じてくれないだもん
あの在庫だってきっと
すぐにさばけるハズなのに
あなた
何回目よ
フキ
フキ
プイ～
学生の時のバイトも
店長と給料が安いって
もめて辞めるし
少ない!!
マジかよ
こいつ…
給料以上の
仕事してるわよ
部活も先輩より
自分のほうが上手いって
ケンカして
辞めちゃったでしょ
絶対私のほうが
強いし
ムキ
やめぇ～
何あいつ…
まったく…
誰に似たんだか

だって…正当に評価されないのって
ムカつくでしょ

それはあなたの
ワガママ
がばっ
ワガママ
じゃないって！

仕方ないわねぇ
家に帰ってくるのは
いいけど
お店の手伝い
しなさいよ

当たり前でしょう！
えええええ！
めんどくさー…
三浦洋食店
三浦洋食

ブツ
ブツ
早く別の仕事探して
出て行ってやる…
がしゃん
ブツ ブツ
ブルッ
ブルッ…
!
…………
ニヤッ
とんとん
ポロッ
ごちそうさまでした…
!!
スッ…
じゃらっ
カラン
カラン…
……

バタン…
何あの人…
気持ち悪っ…
ちょっと！
お得意さんなんだから
変なこと
言わないでよっ！
ただでさえ最近
商店街のお客さん
減ってるんだから！！
え…
そうなの？
でも最近商店街を
活性化しようって…
区画整理したって
言ってたでしょ
すぐそばに大きなビルが
立ってIT企業が
移転してきたから
町の人が増えるって
ズドォォン
効果なし…
はあ…
恩恵なし…
そうなんだ…
不景気なのよね…
……
洋食店
浦洋食店

翌日
さすがにランチは
ちゃんと人が集まるわね
ほっ…
わい
わい
がや
がや
すみません
トルコライス
お願いします
あ…俺も…
トルコライス
ひとつ
いつもの
え？
いつものって？
トルコライスに
決まってるだろ
カッ
す…
すみません
こわっ…

こんなにメニューが溢れているのに
注文のほとんどがトルコライスって…
メニュー表
日替わり定食 ¥680
デミソースオムライス ¥780
トルコライス ¥700
ナポリタン ¥680
ペペロンチーノ ¥680
ナシゴレン ¥680
クラブハウスサンド ¥650
野菜カレー ¥750
ビーフカレー ¥800
¥800

あの…
トルコライスで
オムライスも
おいしいですよ

そう けど
今度でいいや
わかりました…
じゅん…

どうしてみんな
トルコライスばっかり
注文するのよ!?
納得いかないっ！
三浦洋食店

けど…
まぁ…
たくさんプレートに
のってるから
お得感があるのよ
その分コストが
上がっちゃうでしょ
…………
そうだけど…
ねぇ
お父さん…
ちょっと！
何してるの？
トルコライス
¥700
クラブハウ
¥6
ペペロ
あ！
なに
どうしたのっ？

人気メニューに絞れば
コストが減るでしょ
ビリ
コストが減れば
利益もあがる
ってわけ
良いアイデアでしょ♪
だてに４年もOL
やってないんだから
まぁ…
あんたが
そう言うなら…
絶対大丈夫！
ぐっ
１週間後
三浦洋食店
☎000-×××
洋食店
平日11時から14

どうして…
ちら
ほら…
プル
プル
プル
ちょっと…晴香
最近あきらかに
お客さん
減ってるじゃないの
いや…
たまたまだよ
雨とかあるでしょ
ずっと
晴れてるし
とにかく
もう少し待って…
きっと大丈夫だから
本当？
………
さらに１週間後
ちょこ～ん…
あわわわ
ガク
ガク
ガク

どうしてよ…
あああ
はるかぁぁ
あんたの言うとおり
メニューを減らしたら
売上げ余計に
減ってるんだけど！
ガク
ガク
腸内細菌は
トルコライス
オリゴ糖は
その他のメニュー
ブルブルッ
つまりオリゴ糖そのものが
役に立つのではなく
腸内細菌を活性化させる
ためのエネルギーだろ
ごちそうさまでした
ガタッ
じゃらっ
いつも
ありがとうございます
勘に頼っている
ようだったら
は？
じろっ
当然の結果さ

ちょっと
待って！
なっ…！
今のどういう
意味ですか？
……
えっ！
ビクッ
人気メニューに
絞れば客が増えたり
コスト削減になって
儲かると思ったのは
どうせ勘だろ

世の中には
根拠のない自信や勘で
行動する人が多すぎる
…だったら責任とって辞めます
え…いや…そこまで言ってるわけじゃ…
学生の時のバイトも店長とも給料が安いってもめて辞めるし
給料以上の仕事してるわよ
の方が上手いってケンカして辞めちゃったでしょ
絶対私の方が強いし
まったく…誰に似たんだか…
……

統計学を駆使すれば
失敗の可能性を
下げることができるのに

統計学？

統計学とは
麹のようなものさ
ニヤ
へ？
わからない？
まぁいいけど…
ふぁっ
くくくっ……
カラン
カラン……
ふぁっ
ふぁっ
バタン
カラン…
なっ
何よあの人…

統計学はビジネスの必須アイテム

ビジネスでは、顧客や市況の動向を常に肌で感じながら戦略を練ることが重要だ。その際、百戦錬磨のベテランなら「プロの勘」で正解を見つけることができるかもしれない。

しかし、マンガ中の晴香がそうだったように、経験豊富とは言えない中堅・新人社員が勘で動くと危険である。思わぬ落とし穴にはまりかねない。

また、「プロの勘」というのは伝達したり共有したりできるものではない。ノウハウはベテランだけのものである。

そんなとき、「プロの勘」の代わりとなるものがある。それが**「数字による検証」**だ。

「数字」は客観的であり嘘をつかない。そして、数字はみんなに伝わるし共有もできる。

ただし、「数字」から何かの事実を引き出すには、特有の技術がいる。

その技術をノウハウ化したものが**統計学**である。

「数字」から事実を引き出すプロセスをざっくりまとめると、次のようなステップに分けられる。

以下では、このステップ分けを簡単な例を使って説明しよう。

図1 数字から事実を引き出すステップ

ステップ1 なんとなく、印象として気がつく
↓
ステップ2 「数字」化して眺めてみる
↓
ステップ3 ステップ2の数字がステップ1の印象を裏付けていることを認める
↓
ステップ4 統計学を使って計算してステップ3を検証する

■統計学による検証のイメージ

あなたは、三浦洋食店の店主だとする。

お客さんからの注文を受けるうちに、「雨の日には、トルコライスの注文が多いようだ」と気づく。

これが**ステップ1**だ。

このままでは単なる印象にすぎないから、きちんと裏付けがなければならない。そして、そうすることの価値はとても大きい。

もし事実なら、雨だと予想される日にトルコライスを多く仕込んでおけば、お客さんの好みに応えることができ、さらに何を注文しようかと迷っているお客さんに積極的に勧めることで、店の評判を上げることができるかもしれないからだ。

したがってあなたは、この発見を確認すべく、1ヶ月間にわたって、お客さんの注文と天候とを記録することにした。

これが**ステップ2**である。

記録された数字は、当然、日によってまちまちの値をとる。雨の日と、雨でない日とで数値を分けてみると、ぱっと見には雨の日のほうがトルコライスの注文数が多いように感じる。

これが**ステップ3**に当たる。

しかし、まだ確信とまでは言えない。そこで、あなたは、雨の日とそうでない日とで、それぞれトルコライスの総注文数を合計して日数で割ってみる。

これが**ステップ4**に当たる。

このときあなたは、**「平均値」**という統計学の指標を利用したことになる。雨の日の平均値が、そうでない日の平均値よりも目立って大きければ、あなたはあなたの発見がもっともらしいと判断できる。

■主観から客観を導き出すツール

ステップ１は、**「何かの傾向を印象としてつかんだ」**ということである。言葉にするなら、「雨の日に人はトルコライスを食べたくなる」というある種の経験則に気がついた、ということだ。

それに対し、ステップ２は、**「現象を数値化する」**ことで、経験則を数値表現に移している。これは**「主観から客観へ」**という重大なプロセスである。

ここで、「印象」という主観と、「数値」という客観とを結びつけなければならない。「印象」は言葉で表されたもので、「数値」は数で表されたものだから、それら別種の情報を結びつける必要がある。これは簡単なように思えるかもしれないが、慣れないとなかなかできないことである。

最も重要なのは、最後のステップ４である。ステップ３のままでは、現象は単に「まちまちな数値の並び」にすぎない。**まちまちな数値列には往々にして、「不純物」が混入している。**食堂の注文には、天候以外にも、季節や流行、行事などが影響するからである。

したがって、「数字たちの並び」から、可能な限りその不純物を除去することが必要となる。それを実現するのが、ここでの「平均値」である。

ふーん、平均値ってなかなか便利そうね。統計学って難しそうだし、ふだんの生活とは全然関係ないものかと思っていた。

統計学は、古くから人がふだんの生活で行ってきた「数字による推測」を科学に格上げしたものだ。だから、ふだんの生活にこそ活かすべきものなんだ。

そうだったんだ！

「科学」である限りは、正当性の担保されたメソッドが必要だし、そのためには多少の数学的な計算も避けられない。だから、一般の人には難しい印象になる。でも、操作が難しいのはパソコンだって自動車だって同じだろう。そう考えると、一度操作を覚える努力をすれば、どんなに便利か想像がつくだろう。

記述統計と推測統計

27ページの４つのステップのうち、ステップ４で「平均値」を計算した技術は、**「記述統計」**と呼ばれる。

記述統計は、**データとして得られた数字の並びの中から何らか潜んでいる「特性」を浮き上がらせる計算法**である。

「平均値」は記述統計において**「統計量」**と呼ばれる。「統計量」とは、データの特性をひとつの数値で表す指標のことである。

統計量には、「平均値」のほかにも、「分散」や「標準偏差」や「共分散」や「相関係数」などたくさんの指標があるが、本書では、「**平均値**」と「**分散**」と「**標準偏差**」の３つを取り扱う。

統計量は、記述統計において、「数字の並び」の中に潜む特性を浮き上がらせる働きをするから、記述統計の作業だけでも現象の本質を見抜く力はずいぶん向上する。「主観」から「客観」へと足場を移すことができる。

さらに「科学性」を取り入れたいなら、確率の理論の助けを借りるべきである。それが**「推測統計」**と呼ばれる手法なのだ。

先ほどの食堂の例をもう一度考えてほしい。

ステップ４で、トルコライスの注文数の、雨の日の平均値とそうでない日の平均値を比べた。ここで、実際、雨の日の平均値のほうが大きかったとしよう。

それでも「雨の日に人はトルコライスを食べたくなる」と結論付けるのは性急すぎるかもしれない。平均値の違いは「単なる偶然」の所産に過ぎないかもしれないからだ。

たとえば、赤のサイコロと白のサイコロ、２つを同時に投げて、赤のサイコロの目が白のサイコロの目より大きかったからと言って、「赤が白より大きな目を出しやすい」などとは結論付けられない。赤のサイコロの目が大きく出たのは、「単なる偶然」「たまたま」に過ぎないからだ。

より科学的な判断を下すためには、トルコライスについて、**適切な確率のしくみを設定して、「平均値の隔たりは偶然なのか必然なのか」を判断するべき**である。それを可能にするのが、「推測統計」なのである。

記述統計も推測統計も、この後、順を追ってきちんと解説するので、ここでは、統計学の技術は、大まかに言って記述統計と推測統計に分けられることを理解してほしい。

図２ 記述統計と推測統計

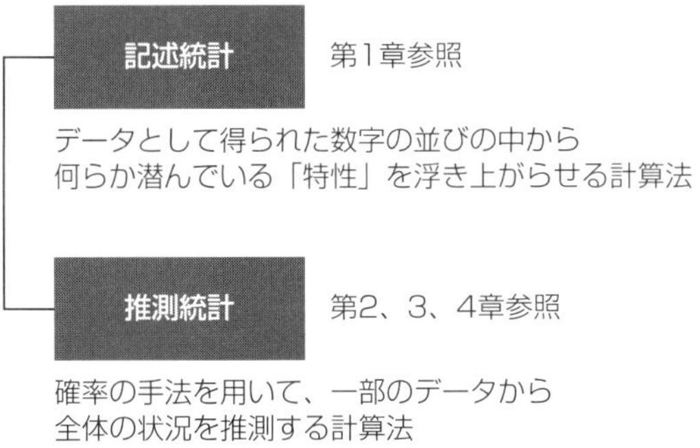

記述統計　第1章参照

データとして得られた数字の並びの中から
何らか潜んでいる「特性」を浮き上がらせる計算法

推測統計　第2、3、4章参照

確率の手法を用いて、一部のデータから
全体の状況を推測する計算法

統計学に欠かせない ヒストグラムを読むスキル

次章からいよいよ記述統計の中身から解説していくことになるが、統計的手法を学ぶには、まず、ヒストグラムを見る技術を磨く必要がある。

本書でも、ヒストグラムが何度も説明に使われるので馴染んでほしい。

ヒストグラムとは、【図３】のように、**データの分布を図形化したもの**のことだ。

データの特徴をひとつの数値で表したものが統計量であることは、前に述べた。

統計量に習熟すれば、ヒストグラムは不要になる。しかし、統計量を理解するプロセスでは、ヒストグラムが大きな助けになる。また、統計量に習熟した後であっても、頭の中のイメージとしてヒストグラムを思い浮かべることは、有意義である。

図3 トルコライスの1ヶ月の注文回数（雨でない日）

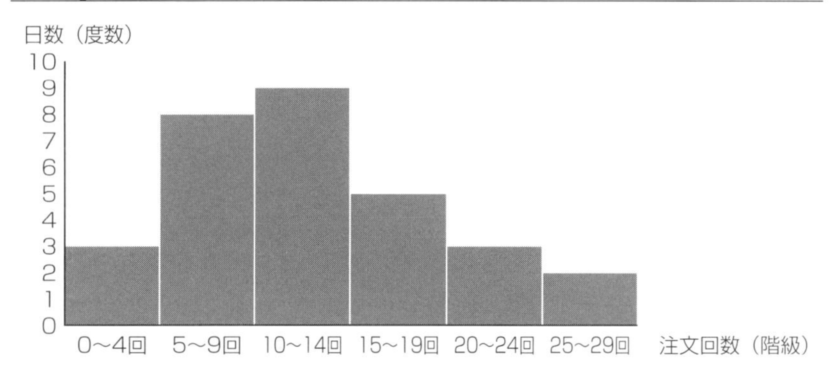

【図3】のトルコライスの1ヶ月の注文数を例として、ヒストグラムの見方を解説しよう。
【図3】を見ながら読んでほしい。

ヒストグラムでは、一般に、横軸は**「観測されたデータの数値をブロック分けしたもの」**（**「階級」**と呼ぶ）となっている。そして、縦軸は**「各ブロックの数値たちが、それぞれ何回観測されたかの数値」**（**「度数」**と呼ぶ）となっている。

ヒストグラムの見方

横軸→データの数値のグループ分け（**階級**）
縦軸→観測回数（**度数**）

【図3】において、一番左の棒は「トルコライスの注文数が0回から4回までの日」に対応する。一番左の棒の高さが3であることは、「トルコライスの1日の注文回数が0、1、2、3、4のどれかだったことが3日あった」ということを意味している。

同様に、左から二番目の棒は「注文回数が5回から9回」に対応し、その高さ８は、「トルコライスの１日の注文回数が5、6、7、8、９のどれかだったことが８日あった」ということを意味している。

とにかく、「棒の高さは観測回数だ」ということを脳にしみこませることが大事だ。

三番目の棒が最も高いことから、トルコライスの注文が10、11、12、13、14の日が最も多かったとわかる。

■「でこぼこ」が意味するもの

階級は何のためにつくるの？

階級分けは、精緻な数値を犠牲にしても、データ全体に潜む特徴を浮き上がらせるために行う技術だ。データを眺めているだけでは、単なる数字の羅列で何もつかめない。だけど、一つひとつの数値を取り出して、それぞれを精査しても、それはひとつの数値にすぎず、何も見い出せない。だから、「階級」という形で分類を行って、どの特質に多くのデータが集まるかを見るんだ。

なんで階級は６つなの？

データの数値が100個あるとしよう。階級がひとつとは、百個をまるごと見ること。これは全く歯が立たない。他方、データをひとつずつ見ることは、階級を100個つくること。これも無意味だ。だから、その中間に適切な階級の数があるだろう。

統計学では、経験的に、６～８個の階級をつくるのが良いと知られている。ちなみに、いくつの階級数が適切であるかを、理論的に求めている研究もあるよ。

そうなんだ。ところで、なんで真ん中のグラフが高くなるの？

もちろん、両端が高くなるデータだってある。でも、多くのデータでは、真ん中が高くなるんだ。

それはどうして？

多くのデータは階級分けしたり、ヒストグラムをつくったりすると、正規分布という真ん中が高くなる分布になることが知られている。

「正規分布」って、どんなもの？

簡単に言えば、正規分布とは、平凡な数値が大多数を占めて、特殊な数値もあるにはあるけど非常に少数、そんな形状をしてる。だから、はっきりした法則性のある出来事や事物を統計的に分析すると、正規分布が現れ、真ん中あたりの数値が大多数を占めることになる。

その平凡な数値が真ん中の階級に集まるってことか。

そう。だから、通常は、統計学を使って行動を決めるとき、正規分布の真ん中あたりの数値が観測される、と決めてかかって戦略を決めればいい。もちろん、リスクを踏まえるなら、範囲を広げて、右寄りとか左寄りとかの数値も気にする必要が出てくるけどね。

よく言われる想定内とか想定外とかも、そういう意味の言葉なのね。

ヒストグラムは、【図３】のように、でこぼこの短冊型のグラフとなる。
「このでこぼこが何を意味するか」と言えば、それは**「注目していることが不確実に揺らぐ様子」**だと言える。「トルコライスの注文数が毎日同じ」という確実さがあるなら、棒は一本しか存在しなくなる。
「棒が複数ある」ということは、**トルコライスの注文数が日によってばらついている**ことを意味し、**注文数の不確実性を表している**わけなのだ。

一般にヒストグラムからは、次のようなことがわかる。
ヒストグラムを眺める経験をなるべく多く積んで、このようなフィーリングを身につけてほしい。

ヒストグラムからわかること

①左側のほうの棒が相対的に高ければ、小さいデータが比較的多く観測されている

②右側のほうの棒が相対的に高ければ、大きなデータが比較的多く観測されている

③どの棒の高さもほぼ同じなら、どのデータの数値もほぼ均等に観測されている

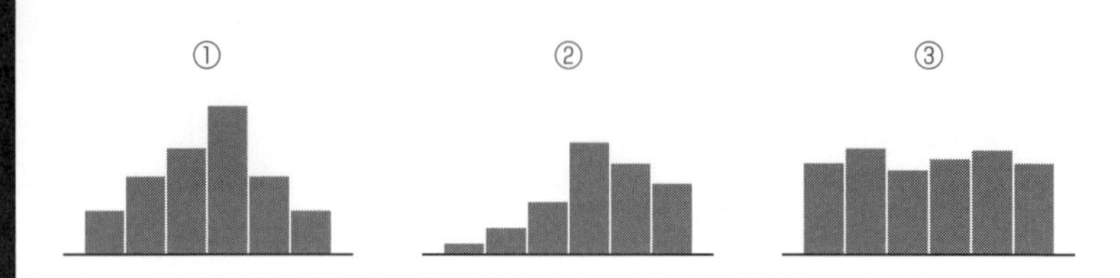

1章

平均と標準偏差
～データの秘密を見破る～

トルコライス
お待たせしました～
どうも～
ヤタッ
STORY 1
生データを収集せよ！
ごゆっくりー…
「世の中には
根拠のない自信や勘で
行動する人が多すぎる」
ピキッ
根拠あるわよっ
経験よ！
経験に基づいた勘よ
あぁムカつく！
ばんっ
ちょっと晴香
え？
あの変な人
だれなの？
変な人？
昨日腸内細菌とか
オリゴ糖とか
言ってた人よっ！
裏にある大学の准教授よ
なんでも麹菌について
色々と研究しているみたい
あぁ
数沢さんね

ニヤッ
うちのホコリが
おもしろいって
よく持って帰るわ
麹菌？
ちょっと
どこ行くのよ？
ちょ…
じゃあ
ああ
このイライラ
晴らさずにおくべきか！
ホコリを返して
もらうのよっ！
は？
…あんた
言いがかりにも
ほどがあるわよ…

数沢さんいるなら
ドア開けてくださいっ！
ドンドン

キイイイ
誰だ君は？
三浦洋食店の
者です

ガチャ
！

で？　何の用？
研究で忙しいんだが
ウチの店から
持って行った
ホコリを
返してください

あぁ君か　あそこの
トルコライスは
おいしい
菌も
喜んでいる
くくっ…
意味が
わからない

好きなだけ持って
帰えればいいよ
そこの棚に
入っているから
ずらり
……君は
おもしろいことを言うね
ふふふ…
え…
こ…こんなに…
色々と
培養するからね
ヤララ…
さぁどうぞ

忙しいんだ
バタン！
……
さぁ好きなだけ
持って出てってくれ
わっ
ちょっ
ぽい
ぽい
ホー
ホー
ホー
とん
とん
フー…
ガチャッ
とこ
とこ
帰ろ…
ぎょっ

キィ
！
…
まだいたの？
こんなもの
持って帰っても
仕方ないじゃない
キッ
それにあなたこそ
いつまでこもって
研究してるのよっ
理解し難ぁ
え？
カタン
…
一体君は
何をしに来たんだい？
研究してると
時間忘れちゃうんだよね
検体いらないなら
元に戻しておいて

嫌がらせしに来たに
決まってるでしょ
なぜ？

わからないんですか？
うん
イラ
イラ
イラ
イラ

何も知らない
くせにあなたが
私の判断を
否定したことに
腹を立てて
いるんです

?
そんなこと
言ったかい？

「世の中には
根拠のない自信や勘で
行動する人が多すぎる」
って言ったでしょ！

メニューを厳選したのは
一生懸命考えた結果
導き出した結論なんです
経験から
導き出したんです
プン
プン
経験や勘は
否定しないよ
ただ

統計学とは
たくさんある数字に
どのような法則があるかを
発見する学問

経営判断や
戦略を決断するための
ツールとして
なくては
ならないものだ

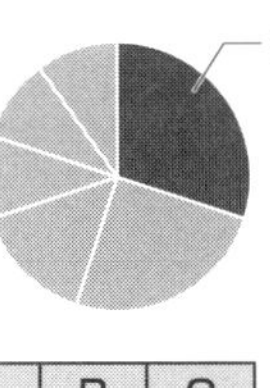

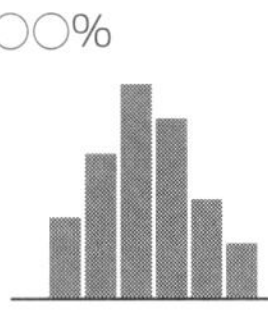

A	B	C
××	××	××
××	××	××
××	××	××

経験や勘のみで
判断すると
体調や機嫌などで
変化することもあるが
数字はウソをつかない

た…確かに…

「記述統計」とは
データからその特徴を
抜き出すためのテクニック

「推測統計」とは
確率の理論を導入して
「予測」を行う方法だよ

ただ…
データさえあれば
原因をある程度は
特定することができる

え…

そ…それじゃあ
統計学でうちの店の
売上が落ちてる原因を
三浦洋食店
見つけられるって
ことですか？
メニューを絞る前と
絞った後のデータがあれば
どのような変化が
起こったかを
推測することはできる
ってことさ
いいんですか？
え…
もちろん
やってみようか？
いいよ
君のところの
トルコライス好きだし
それに…
あそこの菌が
取れなくなるのも困る
ああ
最高だよ
そんなにいい
菌なんですか？
わ…
わかりましたっ！
よろしく
お願いします！！
まずはデータが必要だ
メニューを絞る前と
メニューを絞った後の
変化が知りたいから
用意できるデータは
何でもいいから用意して

晴香っ！
仕事ほっぽり出して
何してたのよ
三浦洋食店
そんなことより
聞いてよ　お母さん
へぇ…
数沢さんが原因を…
けど…
ひとつ問題が
？

これからの
データは
集めることが
できるんだけど
以前のデータを
どうやって
集めたらいいのか…
あるよ
え？
うちのレジは
高機能だから
お客の年齢とかも
データが残ってるのよ
まぁあくまでも
見た目の年齢だけどね
意外と高性能
だった店のレジ！！
お母さんっ！
すごい

それに時間や
注文したもの
使ったお金なんかも
データとして
残っているわよ
やったぁ
じゃああとは
これからのデータを
集めればいいのね！
よしがんばる！
ぐっ！
うんうん

よし！ 色んなデータがとれたわ!!
水こぼした子ども3人め…!!
キャッ
びしゃー
この人今週2回目…!!
カキ
カキ
モグ
モグ
オス
OLやってるんじゃなかったっけ？
たかはし じゅん
高橋 淳
あれ 晴香何やってんの？
！
まぁ色々あって実家の手伝い
実家の手伝いって言っても…この商店街じゃあヒマでしょ
え…
やっぱりそうなんだ…お母さんも言ってた
最近うちの店もめっちゃお客さん減っててさ
どこも大変なのね…
近いうち飲もうぜ
outiqueTANAKA

1週間後
おぉ
よくがんばったな
ばさっ
使えそうな
データはありますか？
何がどれだけ必要か
わからなかったんで…
どんなものでもいい
どこに宝が埋まっているか
わからないからね
君の店のホコリのように
とにかく
なんでもいい
パラ
パラ
客単価 人数
年齢層 食べる時間
来客時間
選ばれたメニュー
よかった…
それじゃあ色々と
調べてみるから
とりあえず数日後に
また来てくれるかな
じゃっ
…本当に
いいんですか？
私にも何か
やれること
ないですか？
君に？
あるわけないじゃないか
そんな言い方
しなくても…
バタン…
けど…
あんな数字の山…
どうするんだろう

数日後
やぁ
プル～プル～
プル～プル～
え…
徹夜ですか？
で…何か
わかりましたか？
数字を見ると
どうしても
色々と分析して
しまうんだよ
バン
バン
ああもちろんだ
やっぱりメニューを
減らしたことで
大きな変化があったよ
なんですか
それは？
……
あの店
継ぐんだろ
君さ
統計学 学ぶ？
え…
継ぎませんよっ

それに集めてきた
資料の筋もいい
ドキッ
え…
経営者になるんだったら
統計学は
知っておいたほうがいい
いや
ならないって
う…これは
大変そう…
じゃあ
やってみて
ばさっ
まぁ…
へへっ
どうする？
役に立つなら
学んでみても
いいかも…
生データそのままでは
何も発見できないから
統計を使うんだ
は…はい
まず
君が持ってきてくれた
このデータ
これをただボーっと
眺めていても
何もわからない
1時間後
できましたぁ…
はぁ
はぁ…
ぜ…全員ですか？
最初にメニュー変更前と
メニュー変更後の
お客さんの平均年齢を
算出してみよう
もちろん　まぁ大した
客の数じゃないだろ
し…失礼な…

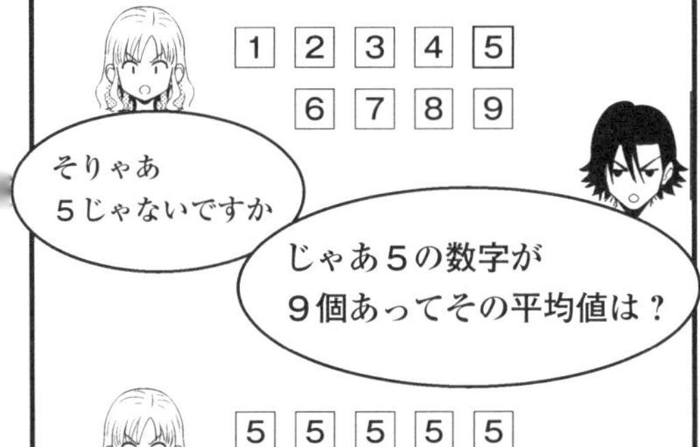

5ですよね

その通り
平均値からの広がりは
ケースによって違うんだ

あ そっか

平均値よりも
お客の年齢の
散らばり具合の
統計量を
知ることが大切

そんなこと
できるんですか？

簡単さ
ヒストグラムをつくって
変化の様子を
図解したらいいんだ

ヒストグラムって
なんですか？

見たこと
あるだろ
こんな図だ

名前が
あるんだ

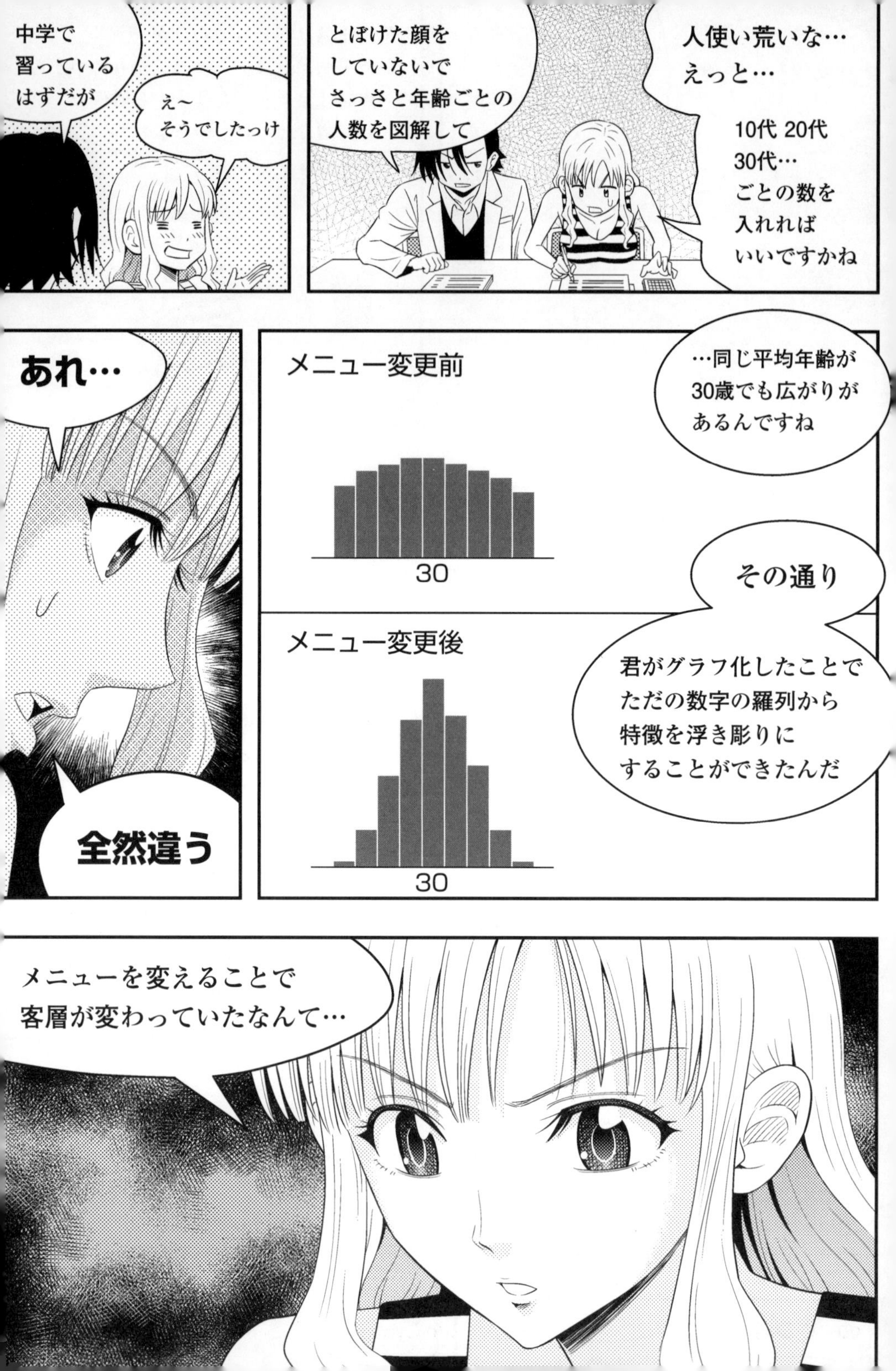
人使い荒いな…
えっと…
10代 20代
30代…
ごとの数を
入れれば
いいですかね
とぼけた顔を
していないで
さっさと年齢ごとの
人数を図解して
え～
そうでしたっけ
中学で
習っている
はずだが
…同じ平均年齢が
30歳でも広がりが
あるんですね
メニュー変更前
30
メニュー変更後
30
その通り
君がグラフ化したことで
ただの数字の羅列から
特徴を浮き彫りに
することができたんだ
あれ…
全然違う
メニューを変えることで
客層が変わっていたなんて…

計算すると平均値は
30歳になる

たとえば…
５人の年齢標本が
あるとする

標本	A	B	C	D	E
年齢（歳）	25	28	29	31	37

そうですね

$$\frac{25+28+29+31+37}{5}=30$$

こういった場合にS.D.を使って
実際のばらつきを数字化するんだ

しかし実際の年齢は30歳の
周辺に散らばっているだろ

標本	A	B	C	D	E
計算	25−30	28−30	29−30	31−30	37−30
偏差	−5	−2	−1	1	7

まず〔平均からの隔たり〕＝偏差　を出す

なんでそんな
面倒なことを…？

マイナスの符号を
無くすためだ

$$分散：\frac{(-5)^2+(-2)^2+(-1)^2+(+1)^2+(+7)^2}{5}=\frac{25+4+1+1+49}{5}=\frac{80}{5}=16$$

16は２乗した数字だから
ルートで戻すと４になる

つまり実際
30±４によって
26〜34の範囲が
浮き上がるが

５人のうち BとCとDの３人は
この範囲に
収まっていることがわかる
この数字が標準偏差だ

$$標準偏差(S.D.)：\sqrt{16}=4$$

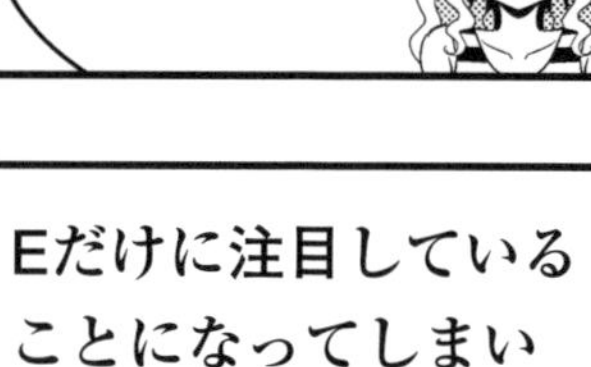

すべてのデータを
範囲に収めるためには
30±７としなければならないが
こうしてしまうと

Eだけに注目している
ことになってしまい
適切ではない

標本	A	B	C	D	E
年齢（歳）	25	28	29	31	37

BとCとDの年齢が
平均のすぐそばにあり
AとEが特殊に離れた標本である
という特性が失われてしまう

統計量はあくまで
全標本の特性を
できるだけ活かすものなんだ
ゴゴ
くっ…
……
食堂のデータを見ると
年齢のS.D.は
10.2歳から6.4歳に
縮んでいることがわかる
なんとなく
いつもと違うなって
思っていたけど
こうやって
統計で導き出すと
明確になるんですね
統計っておもしろいだろ
はい…
これらの
データを見ると…
おそらくメニューが
たくさんあることが
呼び水になって
いたんだろう
弁当を買うとき
最後の一個の
のり弁を買うのと
たくさん種類がある中で
のり弁を選ぶのとでは
気分が違うだろう
残り
1コか…
のり弁
たくさんある
まくの内
ハンバーグ弁当
のり弁
君の店のお客さんも
豊富にあるメニューで
いったん悩んだ上で
トルコライスを選んでいた
ってこと
じゃないかな

結果的に選ばれたメニューが
トルコライスばかりになっていた
ってことですね
それじゃあ解決策は…
メニューを
元に戻す…
ことですよね
それが
いいだろう
さぁ
終わったなら
帰ってくれ
あ…
ありがとうございます
とこ
とこ
数日後
三浦洋食店
トルコライス ¥700
ナポリタン ¥680
ミートソース ¥650
ペペロンチーノ ¥680
ナシゴレン ¥680
ラブハウスサンド ¥650
ビーフカレー ¥800
カツカレー ¥800
コーラ ¥150

ガヤ
ガヤ
わいわい

統計学か…

居酒屋
大和屋
一発搾り
へぇ…

うん…
そんなことが
あったんだ

で…どうするんだ？
え？
何が？
ヒック…
本格的に
統計学勉強して
みようかなぁ…
なんだか経験や勘を
絶対視してたから
自信を
なくしちゃった…
ハア…

だって問題解決
したように見えるけど
メニューを減らして
マイナスになったのが
0に戻っただけで
何も
解決していないだろ
ほ…
本当だ
ピシャアア
ただ…
売上が落ちてるのを
止めるのは
個人の力で
なんとかなる
話じゃないぞ
え？

データの代表値
——平均値を計算する

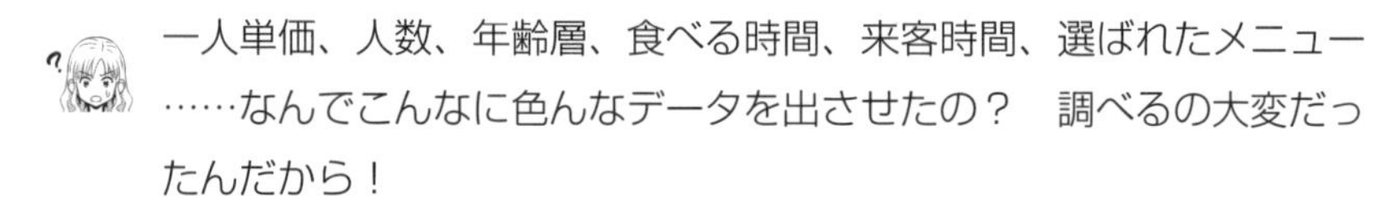

一人単価、人数、年齢層、食べる時間、来客時間、選ばれたメニュー……なんでこんなに色んなデータを出させたの？　調べるの大変だったんだから！

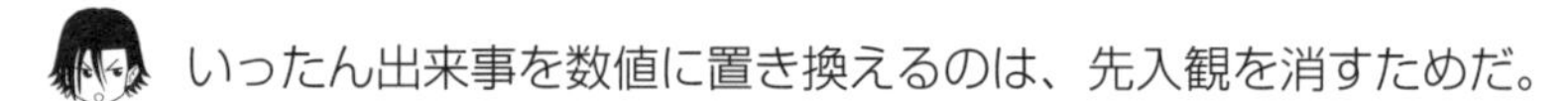

いったん出来事を数値に置き換えるのは、先入観を消すためだ。

先入観？

人は、人生経験から、知らず知らずのうちに先入観にとらわれている。先入観は合っていることもあるけど、時に大きな誤りを引き起こす。

先入観を消すために、色々なデータを調べる……？

調べたデータが一種類だけだったとしよう。それが偶然、自分の先入観を多少なりとも裏付けるものだったら、すぐに飛びついてしまうだろ？

婚活パーティでも、最初に会った人が少し好みだからと言って、その人に決めるのは危険。色んな人と話したほうがいいに決まっている。

そっか！　婚活だとよくわかる！

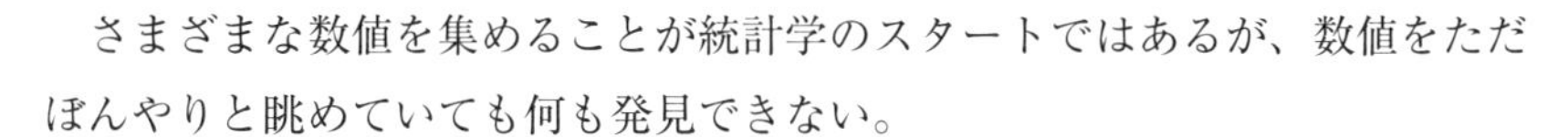

さまざまな数値を集めることが統計学のスタートではあるが、数値をただぼんやりと眺めていても何も発見できない。

そこで用いるのが統計的技法である。

プロローグの解説で、データの特性をひとつの数値で表す指標を統計量と呼んだことを思い出してほしい。

まずは、平均値という統計量から考えていく。

今までと同じように、三浦洋食店のトルコライスを例にしよう。

【図４】を見てほしい。

これは、三浦洋食店のトルコライスの１日の注文数を５月１日からの５月10日までの10日間にわたって記録したものとする（もちろん、架空の数値である）。たとえば、５月１日には14回の注文が、５月２日には11回の注文がある、という具合になっている。

図４　三浦洋食店　トルコライスの注文数（5/1～5/10）①

日付	5/1	5/2	5/3	5/4	5/5	5/6	5/7	5/8	5/9	5/10	
データ	14	11	19	12	8	6	10	17	8	15	平均値 12

このように、注文数は日々、まちまちな値になる。

それは、トルコライスの注文がさまざまな偶然によって左右されるからだ。来店するお客さんは日によって異なる。また、同じお客さんでも、日によって食べたいものが異なるだろう。さらには、気温や天候によって、人間が食べたいメニューにある種の偏りや傾向が生じるのは当然である。

これらは、たくさんのサイコロをいっぺんに投げたのと同じような、複雑な偶然性をつくり出すに違いない。そういう複雑な偶然性によって、注文数は日々まちまちな数値をとるわけだ。

このように、**まちまちの数値が発生すること**を、専門の言葉で**「分布」**と呼ぶ。データの数値は「分布」をし、データの背後にある不確実性を反映しているのである。

【図４】の表は、**「トルコライスの注文数の分布」**を示しているのだ。

■代表的な数値を抜き出す

あなたが三浦洋食店のオーナーだったならば、このような分布に現れるまちまちな数値から、ひとつの代表的な値を抜き出したい、と思うだろう。**「このメニューの１日の注文数は、おおよそ＊＊回である」**という「＊＊」の部分に当てはまる数値を知りたい、ということだ。

この「＊＊」に当てはまる数値は、**「分布に現れるまちまちな数値たちを代表する数値」**を意味する。

「代表」を選ぶ際、データの最大値は19で最小値は６だから、「６以上19以下」の中の数値のひとつを選ぶのが自然だろう。

ただし、19も６も極端すぎる数値だから、適切ではないことはわかる。

まちまちな数値の中から、適度な中ほどの数値をひとつ選び出す計算方法はいくつも知られているが、それらはみな「〜平均」と呼ばれる。たとえば次のようなものが挙げられる。

代表を示す値（一例）

「相加平均」「相乗平均」「調和平均」「２乗平均」……

このように、たくさんの**「平均」**がある。

最も代表的なのは、最初の**「相加平均」**である。以下、本書では「相加平均」を単に「平均値」と呼ぶことにする。

平均値（相加平均）とは、全データの合計をデータの個数で割ったものだ。

平均値（相加平均）の計算

［データの平均値］＝［合計］÷［個数］

【図４】について、実際に平均値（相加平均）を計算してみると、次のようになる。

（14＋11＋19＋12＋8＋6＋10＋17＋8＋15）÷10＝120÷10＝12

この平均値（相加平均）12は、確かに、最大値19と最小値６の間にある数値となっていることがわかるだろう。

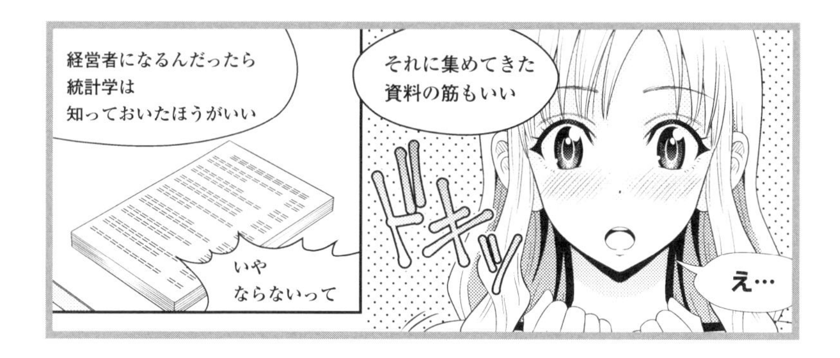

平均値は何を意味しているのか

平均値12は、【図４】の10個の数値を代表する数値だと見なせる。しかし、**「どう代表するか」**は、冷静に考える必要があるだろう。

まず、「12回という注文回数が最も頻繁だ」と考えてはいけない。実際のところ、12回注文があったのは、５月４日の一回だけである。

また、数値の広がる「ど真ん中の数値」というわけでもない。データの数値は10個あるので、大きさの順番に並べて、５番目と６番目のちょうど真ん中に当たる数値が「ど真ん中」の数値と考えるべきだ。大きいほうから５番目が12で、６番目が11だから、ど真ん中とは、(12＋11)÷２＝11.5でなければならない。これは12とは異なる。

「最も頻繁」でもなく、「ど真ん中」でもないとするなら、どういう意味があるのだろうか？

実は、平均値の意味は、次のように抽象的なものとなる。

平均値の意味

仮に全データが「同じ数値」であったと架空で考えた場合、足し算した結果が元と変わらないなら、その「同じ数値」は平均値である

実際、毎日の注文数が全く同じ12であったと架空の想定をするなら、10日間の総注文数は、

12×10＝120

であり、現実の総注文数と一致する。

先ほどは、平均値を「抽象的」と評したが、**場面によっては直接的な意味をもちうる。**たとえば、10日間のデータから１ヶ月分の総注文数を予測して、それに備えて業者に食材を依頼するとしよう。この場合、１ヶ月を30日として、平均値12に日数30を乗じて、12×30＝360回分の依頼をするのが妥当であろう。実際の総注文数は360から多少の前後をするだろうが、そんなに大きくは変わらないと想像されるからだ。

以上をまとめると、平均値には以下のような役割があると言える。

平均値の役割

①平均値は、分布するまちまちな数値の中から代表的な数値として選び出されている
②平均値は、最大値と最小値の間の数となる
③平均値がいくつと知らされれば、実際のデータはその周辺に分布しているとわかる
④データがすべて同一と想定した場合、それを平均値と考えれば、合計の意味では過不足は起きない

散らばり・広がりを表す指標 ～標準偏差～

以上で、平均値の意味を理解してもらえたのではないか。

次に考えたいのは、「平均値の役割」の中で述べた、**「③平均値がいくつと知らされれば、実際のデータはその周辺に分布しているとわかる」**についてだ。

トルコライスの注文数に関する詳しいデータは手元になく、1日の注文の平均値が12であるとだけ知らされたとしよう。

このとき、次のようなことも追加で知りたくなるのではないか。

「平均が12だということから、1日の注文数がだいたい12前後だということはわかる。しかし、前後とはどのくらいだろう。おおよそ、±3程度なのか、それとも、±10程度も離れることがあるのだろうか」

商売をする上で、この疑問は重要である。

注文数の予想のもとに、食材の準備をする必要があるが、注文数にどの程度の幅があるかによって準備すべき量は異なる。しかし、平均値は、分布の中ほどから抜き出されたひとつの数値にすぎず、**「その周辺にどのくらいの揺れ・広がりがあるか」**までは教えてくれないのだ。

■標準偏差とは

うちのお店だと、メニュー変更前もメニュー変更後も、お客さんの平均年齢は30歳くらいだったけど、メニュー変更後はお客さんの年齢の広がりが変わっていたというわけね。

どうやらそのようだ。

平均はよくわかるけど、「揺れ」とか「広がり」ってわかりづらいのね。簡単に理解する方法ってないの？

ヒストグラムの作成、あとは標準偏差だ。

実は、**「平均値の周辺にどのくらいの揺れ・広がりがあるか」**を教えてくれる指標がある。それが、**「標準偏差（S.D.：Standard Deviation」**と呼ばれる統計量である。

標準偏差は、平均値とともに統計学の二枚看板となる統計量だが、平均値ほど意味も計算もわかりやすくない。非常に面倒な計算で定義され、その意味するところもつかみにくい。

しかし、この標準偏差は、統計学全体にわたって主役のような役割を果たす。一度きちんと理解できてしまえば、これほど役に立つツールはないので、がんばって理解してほしい。

■標準偏差の計算

図5 ┃ 三浦洋食店　トルコライスの注文数（5/1～5/10）②

日付	5/1	5/2	5/3	5/4	5/5	5/6	5/7	5/8	5/9	5/10	
データ	14	11	19	12	8	6	10	17	8	15	平均値 12
偏差	+2	−1	+7	0	−4	−6	−2	+5	−4	+3	

以下では、標準偏差を計算する手順を示そう。

まず、【図5】の表を見てほしい。

1段目は日付、2段目はその日のトルコライスの注文数であり、ここまでは【図4】と全く同じである。新しい部分は3段目だ。

3段目は、**「その日のトルコライスの注文数から、全体の平均値12を引いた数値」**である。この数値のことを**「偏差」**と呼ぶ。たとえば、5月1日の注文数は14だから、平均値12を引き、偏差は14−12＝＋2である。また、5月2日の注文数は11だから、平均値12を引いて、偏差は11−12＝−1となる。

偏差とはすなわち、**「平均値12を0に再設定し、平均値より大きい数値は大きい分だけをプラス、小さい数値は小さい分だけをマイナス、で表した数値」**である。わかりやすく言い換えると、**「平均値が0になるように、全データの数値をずらしたもの」**だ。

たとえば、5月1日の偏差＋2は、この日の注文数が全体の平均値より2大きいことを表している。

以上をまとめると、次のように計算され、これは「各データの数値の平均値からの隔たり」を表す。

偏差の計算

［偏差］＝［データの数値］－［平均値］

■偏差は何を表すのか

偏差の計算法を理解したところで、偏差は何を表すのか、その意味を考えていく。

【図５】の３段目を眺めてほしい。プラスの数値が４個、マイナスの数値が５個、０が１個となっている。このことから、平均値と一致した注文数が１回だけあり、平均値より多い注文数が４回、平均値より少ない注文数が５回あったことがわかる。

このように、**偏差は「平均値からの揺れ具合」を表す。**

さらに偏差は、**「平均値からどのくらい遠くの数値が出現するか」**も教えてくれる。

３段目から、トルコライスについて、大きいほうでは＋７、小さいほうでは－６だけ、平均値からずれることが見てとれる。

偏差の値が、プラスであれマイナスであれ、**0から遠い数値が多く現れる場合、「平均値から遠い数値がけっこうある」**ということがわかる。反対に、**0に近い数値ばかりなら、「平均値の近くの数値ばかりである」**とわかる。

つまり**偏差は、「データの数値の揺れ・広がりがどの程度の大きさか」を見せてくれるもの**である。

ところが、偏差は元のデータと同数あり、「実態をつかみにくい」という点では、元のデータについて述べたことと同じである。

したがって、全データから平均値を求めた時のように、**偏差の数値たちをひとつの数値で代表的に表したい**という欲求が起きる。

■「偏差の2乗」の平均値～分散～

ここで「偏差を全部足し合わせて個数で割る」、という戦略はうまくない。

たとえば、【図5】の3段目の偏差に(+7)と(−6)があった。どちらも0から遠い数値であるが、これを足し合わせると、(+7)+(−6)=(+1)となって、0に近い数値が出てしまう。プラスとマイナスの打ち消しあいが生じて、元にあった平均値からの「遠さ」が相殺されてしまうのだ。

そこで、データを正しくつかむためには、「マイナスの偏差をプラスの数値に変換する」必要が生じる。

素朴に考えると、(−6)→符号転換→(+6)としてしまえばいいように思えるが、実はこの考えは採用されない。少し雑な説明になるが、このような「符号転換」は人間にとって素朴でも、「数学の神様」にとっては不自然な操作なのだと理解してほしい。

そこで、統計学では、2乗する操作を採用する。

(−6)→2乗→(+36)とするのである。プラスの数も、マイナスの数も、2乗すればともにプラスの数となる。この2乗する操作は、人間にはわかりにくいが、「数学の神様」にとってはありがたい計算なのだ。

【図6】を見てほしい。表の4段目が、その操作をほどこしたものである。なお、1段目～3段目は、【図5】と同じ数値である。

図６ 三浦洋食店　トルコライスの注文数（5/1～5/10）③

日付	5/1	5/2	5/3	5/4	5/5	5/6	5/7	5/8	5/9	5/10	
データ	14	11	19	12	8	6	10	17	8	15	平均値 12
偏差	＋2	−1	＋7	0	−4	−6	−2	＋5	−4	＋3	
偏差の２乗	＋4	＋1	＋49	0	＋16	＋36	＋4	＋25	＋16	＋9	平均値 16

この操作により符号がすべてプラスになったので、相殺は生じなくなるから、これら**「偏差の２乗」の平均値**を求めよう。

これが、私たちの欲しかった偏差たちをひとつの数値で代表する指標となる。

［（偏差の２乗）の平均値］

＝（4＋1＋49＋0＋16＋36＋4＋25＋16＋9）÷10＝16

この16が【図６】の４段目の一番右に記載されている数値だ。

この16のことを、トルコライスの注文数の**「分散」**と呼ぶ。

分散の計算

［分散］＝［（偏差の２乗）の平均値］

■分散と標準偏差

分散は何を表すだろうか。分散は、もちろん、「データの揺れ・広がりの大きさ」を表す。

たとえば、偏差が+1、(−1) なら、分散は、

$\{(+1)^2+(-1)^2\}\div 2=(1+1)\div 2=1$

となり、偏差が+2, (−2) なら、分散は、

$\{(+2)^2+(-2)^2\}\div 2=(4+4)\div 2=4$

となる。

偏差が2倍になると、分散は4倍になっていることがわかる。

まとめると、次のような判断が可能になる。

分散の意味

・分散が小さい→0に近い偏差が多い→平均に近い数値が多い

・分散が大きい→0から遠い偏差が多い→平均から遠い数値が多い

しかし、【図6】の分散を見ての通り、実際の隔たりたち（偏差たち）に比べて、分散の数値は大きくなってしまっている。

【図6】では平均値から遠い隔たりは、プラスのほうで+7、マイナスほう

で－6であり、分散の16はどちらよりもずっと大きい。その理由は明らかで、偏差を2乗しているからにほかならない。

このように、分散は、分散同士を比較する場合には有効だが、元のデータの特徴を得ようとする場合はふさわしくないと言える。

■データの揺れ・広がりを代表する指標

分散は偏差を2乗したことで数値が大きくなってしまう。そこで、元の大きさの水準に戻したいなら、ルートにすればよい。16→ルート→4とするのである。

式にすると、

$\sqrt{16}=4$

となる。

この4が、**「データの揺れ・広がりを代表する指標」**であり、**「標準偏差(S.D.：Standard Deviation)」**と呼ばれる数値となる。

標準偏差の計算

[標準偏差] ＝ [$\sqrt{分散}$]

【図6】の例に戻れば、偏差は、

+2, −1, +7, 0, −4, −6, −2, +5, −4, +3

という10個の数値だが、これをひとつで代表する数値が、標準偏差4ということである。

これが示しているのは、**「10個のデータは、このように平均値から揺れるが、大まかにひとつの数値で言い表せば±4程度の揺れ方である」**ということである。

10個の偏差の数値は、4より大きく揺れるものは、+7、−6、+5の3個。4より大きく揺れないものが、+2、−1、0、−2、+3の5個。ある意味で、「真ん中あたりの揺れ方」が選び出された具合になっている。これは、平均値と同じことである。

このように、データの揺れ方・広がり方を表すには、分散より標準偏差のほうがふさわしい。

では、「分散」という言葉はいらず、「標準偏差」だけを名称化すればいいのではないか、と思うだろう。

しかし、分散という統計量も、統計学では大切な指標なのだ。それは、数学的な操作性に優れているからだ。

これについては、後々に解説する。

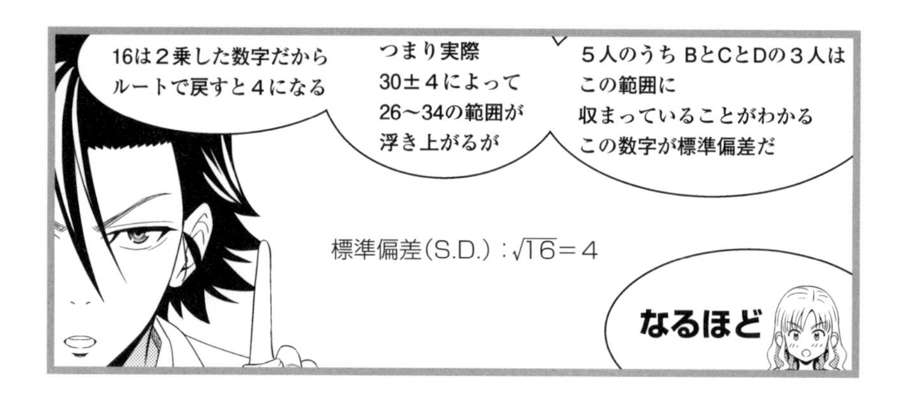

数沢さんが言ってた、30±４（26〜34）の範囲ってどういう意味なの？

５人の人の年齢の平均値が30歳と言っても、おじいちゃんや赤ちゃんが含まれるのか、同期の人ばかりなのかはわからないだろう。どちらのケースかで、行動を変えなければいけないかもしれない。

標準偏差って難しい……。
そもそも、バラつきを標準偏差で数字化すると何が得なわけ？　最大値と最小値を示して、「これとこれの間」とするのではダメなの？
範囲に含まれない数字は無視していいの？

場合によっては、最大値と最小値を示すので十分なこともある。でも、最大値と最小値が例外的で、参考にしないほうがいい場合もあるだろう？　たとえば、100人中１人だけが老人で、あとは全員高校生だったら、その老人は無視して、年齢層を16歳から18歳としたほうが適切だ。

体操とかの演技採点で、極端に良い成績と極端に悪い成績を除いて合計を出す、って方法があったみたいだけど、そういう感じなのね。

標準偏差の意味を理解する

標準偏差の意味をより深く理解するためには、次のふたつの極端な例を考えるとよいだろう。

〔ケース１〕

まず、すべてのデータが一定数である場合を考えたい。

その一定数をxとすれば、当然、平均値もxとなる。

このとき、偏差＝(データ)－(平均値) はすべてx－x＝０になるので、２乗して加えても０。したがって、分散は０となり、そのルートである標準偏差も０である。

「すべてのデータが一定値」とは、「広がりがない」ということだから、標準偏差が０なのはそれをよく表している。

〔ケース２〕

次の極端な例は、データのちょうど半数（N個）が平均値よりa大きく（偏差はa>０)、残る半数（N個）が平均値よりa小さい（偏差はマイナスa）である場合だ。

この場合、データの数値はみな、平均値からちょうどaだけ大きい方向と小さい方向に離れていることになる。

ここで偏差の２乗はすべて、a^2となるので、偏差の２乗の平均値もa^2である。

だから、分散はa^2となる。

分散$=a^2$

したがって、標準偏差は、分散のルートをとって、

$\sqrt{a^2}=a$

となる。

これは、すべてのデータの数値が平均値からaだけ離れている、ということを直接的に表している【図７】【図８】。

図７ ┃ 数直線で見る

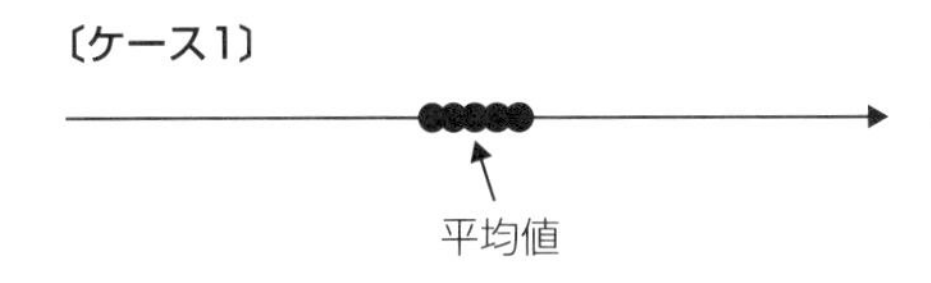

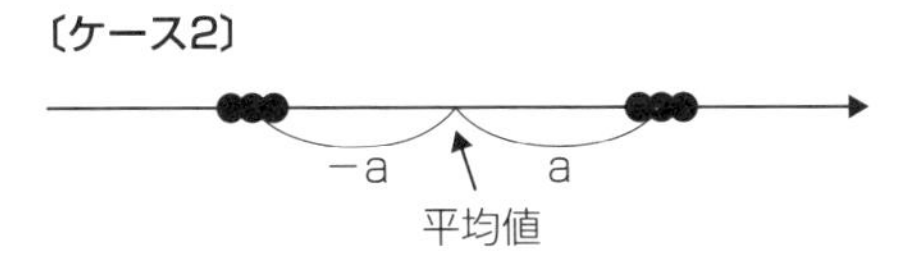

図8 ヒストグラムで見る

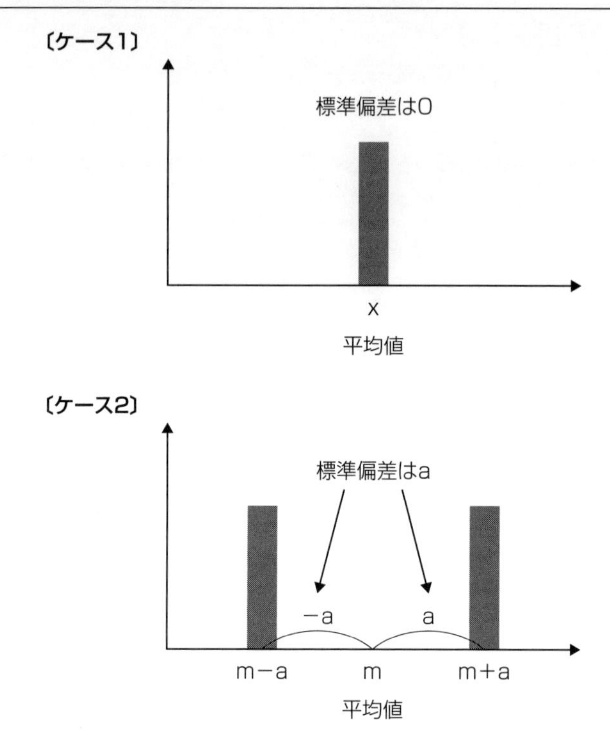

このふたつの例の場合、**「標準偏差は、データたちの揺れ・広がり」**ということが直接的に見えるだろう。

なお、すでに統計学を学んだことがある人は、分散の定義を、［データ数］で割るのではなく、［データ数－1］で割る流儀を学んだことがあるかもしれない。どちらの定義をとるかは、推測統計において何を重要視するかに依存し、どちらにも正当性がある。本書では、［データ数］で割る流儀を採用している。

標準化で「特別」を見つけよう

すべてのデータを
範囲に収めるためには
30±７としなければならないが
こうしてしまうと

Eだけに注目している
ことになってしまい
適切ではない

標本	A	B	C	D	E
年齢（歳）	25	28	29	31	37

B、C、Dの年齢が
平均のすぐそばにあり
AとEが特殊に離れた標本である
という特性が失われてしまう

ここまでで、平均値と標準偏差というふたつの代表的な統計量、言ってみれば「統計学の看板役者」が出そろった。

実は、このふたつだけでも多くの統計的判断が可能になる。このふたつを深く理解し、使いこなすことができるようになることが、統計学に習熟する第一歩だ。

平均と標準偏差の威力を理解してもらうために、「標準化」という大切な計算を解説しよう。

「標準化」とは、次の性質を実現するようにデータを加工する（数値を変換する）ことである。

標準化の性質1

①平均値と一致するデータは0に加工される
②平均値からちょうど標準偏差の分だけ大きいデータは＋1に加工され、標準偏差の分だけ小さいデータは－1に加工される
③平均値からの隔たりが標準偏差のk倍分大きいデータは＋kに加工され、標準偏差のk倍分小さいデータは－kに加工される

このような性質を満たす加工を行うには、次の計算を実行すればよい。

標準化の計算1

［データxの標準化］＝［データxの偏差］÷［標準偏差］

偏差とは、データから平均値を引いた数だったことを思い出せば、次のように書くこともできる。

標準化の計算2

［データxの標準化］＝（x－［平均値］）÷［標準偏差］

この計算結果が、上の標準化の3つの性質を満たすことは明らかである。

実際、平均値と一致するデータでは、**（［データ］－［平均値］）＝0**となるから、**［データの標準化］＝0**となる。これが①の性質だ。

また、ちょうど標準偏差の分だけ（大または小の方向に）平均から離れているデータでは、

（［データ］－［平均値］）÷［標準偏差］＝±［標準偏差］÷［標準偏差］＝±1

となる。これが②の性質である。

③の性質も、同様に確認できる。

以上から標準化のイメージは【図９】のようにまとめられる。

図９ ┃ 標準化のイメージ

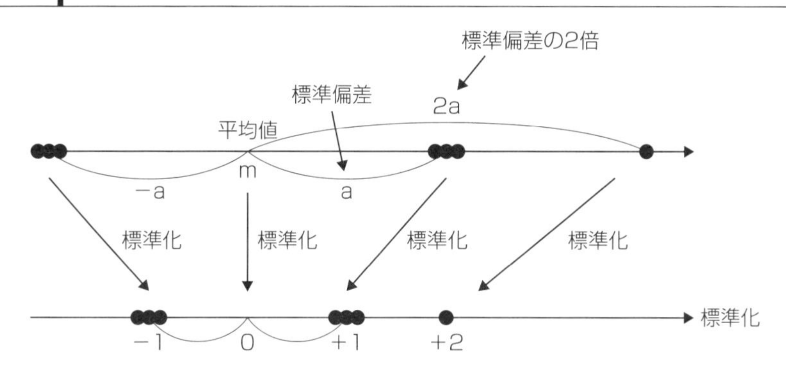

【図９】の上は一般のデータの分布を図示したもの。下は、それを標準化した分布を図示したものだ。

上の平均値mは下図では０に加工されている。上で標準偏差aの分だけ平均値mから（大の方向、または、小の方向に）離れたデータが、下図では±１に加工されることがわかる。さらには、上図で平均値mから標準偏差の２倍２aだけ大きい方向に離れたデータは、下図では＋２に加工されている。

つまり、次のようにまとめられる。

標準化の性質２

④標準化によってkとなるデータxは、平均値から標準偏差のk倍だけ離れたデータである

■標準化すれば「特別」が見つかる

「標準化」はなんのために行うのだろう。それは、**データセットの固有の癖を取り除いて、統一的に判断できるようにするため**である。

最もわかりやすい例を挙げるなら、単位という「癖」が典型的だ。

たとえば、身長のデータはセンチメートルで表すと、メートルで表すのに対して数値上は平均値も標準偏差も100倍になってしまう。実際、日本男性の身長の平均値はおよそ172センチ、標準偏差はおよそ5.5センチである。単位をメートルで表すと、平均値はおよそ1.72メートルで、標準偏差はおよそ0.055メートルとなる。数値だけを見ると、メートルで表すと非常に小さい数値という印象になるだろう。

しかし、標準化すればこうした単位の影響を取り除くことができる。

たとえば、183センチの人を考えてみよう。

この数値を標準化すれば、

(x−[平均値])÷[標準偏差]=(183−172)÷5.5=2

である。

単位をメートルで表した場合の標準化は、

(x−[平均値])÷[標準偏差]=(1.83−1.72)÷0.055=2

と同じ数値になることがわかるだろう。

■標準化のもっと重要な使い方

データのセットそれぞれが、固有の揺れ・広がりをもっている。

したがって、「あるデータが平均から10離れている」というだけでは、**「特別な離れ方」なのか「月並みな離れ方」なのか**を判断できない。

たとえば、テストの点数が、平均点より10点高かったとしても、「すごく良い成績」だったのか、「まあまあ良い成績」だったのかはわからない。

もしも、ほとんどの受験者が同一の得点をとっている中で、自分だけそれから10点高ければ、「すごく良い成績」だと判断していい。

一方、半分の受験者が60点で、残り半分の受験者が40点の場合を考えよう。

このとき、平均値は50点だから、60点をとった人は平均より10点高い。

しかし、この場合は、上位半分には入っているが、その半数と同じ成績でしかない。したがって、「まあまあ良い成績」だと判断するのが適切だろう。

図10 ┃ 点数差のイメージ

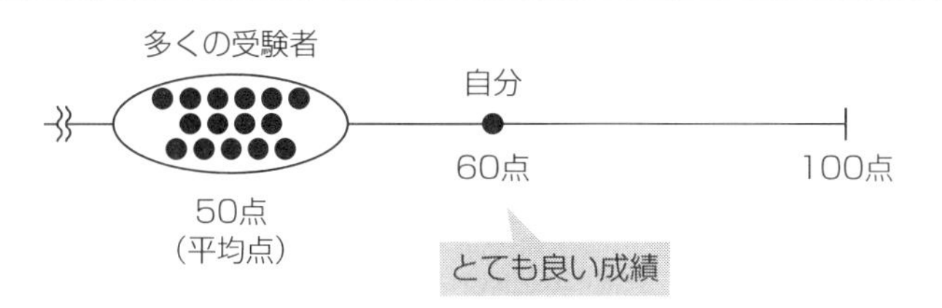

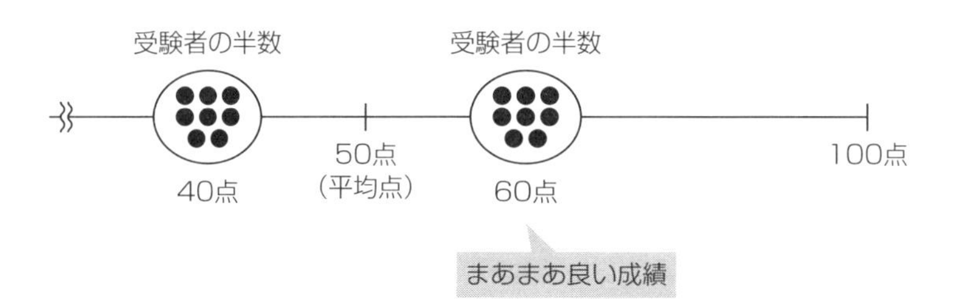

このような**「特別さ」の判断において、標準化は威力を発揮する。**

標準化によって、「標準偏差１個分の離れた数値」を統一的に＋１に加工してしまえば、データの数値の分布の癖に影響されない評価を下すことができるようになる。言い換えると、**データの中の数値の特別さ・普通さを「統一的に」評価できるようになる**のである。

以下は、データの数値全体の中で「特別に平均から離れているデータ」を発見する汎用的な方法である。

図11 ┃ 標準化で特別なデータを見つけ出す

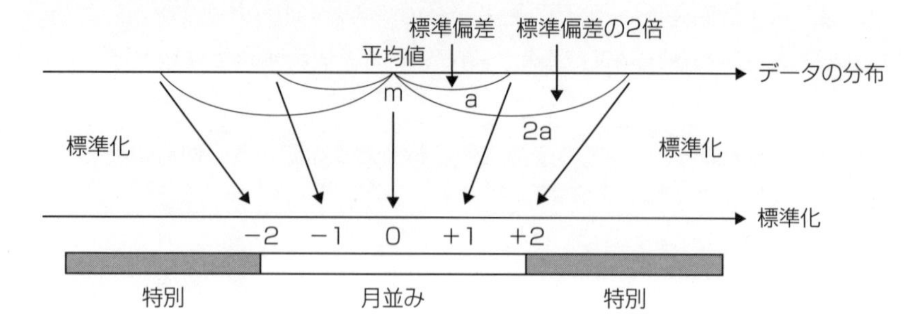

【図11】に描かれる次の２点が、統計学でよく用いられる判断である（なぜ、こうした判断をするかは、正規分布のところ（２章）で説明する）。

標準化から導き出せるポイント

＊標準化して、＋２と－２の間になるデータは**月並み**
＊標準化して、＋２以上または－２以下になるデータは**特別**

よって、±３以上も遠くに離れるデータは、「稀に見る特別なデータ」だと判断してよい。

■「特別」か「月並み」かを判断する

【図11】の判断法を応用してみよう。

先ほど挙げた半分の受験者が60点で、残り半分の受験者が40点の場合を考える。このとき、平均点は50点、標準偏差は10点となる。

したがって、60点という得点を標準化すると、

(60−50)÷10＝＋1

となる。

【図11】を見れば、「月並み」な成績と判断できる。

もうひとつの例を挙げる。

日本男性の身長の平均値はおよそ172センチ、標準偏差はおよそ5.5センチであることは前に述べた。では、185.2センチの男性がいたとして、この人は特別に身長が高い人だろうか？

標準化すると、次のようになる。

(185.2−172)÷5.5＝13.2÷5.5＝＋2.4

したがって、標準化されたデータは＋2.4とわかる。

【図11】の基準では、この男性は「特別に背が高い人」と判断できる。

データの性質が違っても比べられるのが標準化のメリットなのね。でも、こんな面倒な計算、みんな本当に使っているの？

みんなじゃないが、知識のある経営者は使っているよ。経営者は、自分の先入観や社員のいいかげんな進言にまどわされたくない、と思うものだ。そういう経営者は当然、標準化を使うだろう。

会社の経営者だけ？　一般の人にはいないの？

一般の人でも、株などの資産運用をしている人には常識だ。株の収益率の変動の激しさの指標である「ボラティリティ」は、標準偏差の別名。これを知らないで投資をしている人は、あまりにリスキーだと言えよう。

COLUMN

統計学者の目の付けどころ

統計学者という人たちは、ただ漫然とデータを眺めているわけではない。「さすが」な目の付けどころをもっている、とわかる一例を紹介しよう。

以下は、『情報量規準による統計解析入門』(鈴木義一郎著、講談社サイエンティフィック)に掲載されていた統計的検証だ。

統計学者の鈴木氏は、毎日新聞社『数学雑学事典』から「ミス・ユニバース日本代表の体形」のデータを見つけた。それが、【図12】である。

表は、第2回から第11回まで(1950年代)のミス・ユニバース日本代表10人の身長、体重、バスト、ウェスト、ヒップのデータだ。

図12 ミス・ユニバース日本代表のサイズ①

	身長	体重	バスト	ウェスト	ヒップ
①	165	53	86	56	92
②	160	47	84	52	92
③	166	55	86	64	89
④	164	56	90	60	95
⑤	168	55	87	56	87
⑥	164	54	87	57	92
⑦	168	54	94	58	97
⑧	169	55	88	57	92
⑨	169	53	86	58	93
⑩	166	56	84	57	90

鈴木氏は、このデータを眺めていたとき、統計学者の性(さが)として、「特別」なプロポーションを見つけたい、と思ったのだろう。そこで、当然の作業として、標準化を行った。

すなわち、身長、体重、バスト、ウェスト、ヒップそれぞれについて、まず、平均値と標準偏差を計算。次に、データの各数値から平均値を引き算し、それを標準偏差で割り算し、標準化の数値を算出するのである。【図13】がその結果である。

図13 ミス・ユニバース日本代表のサイズ②（標準化）

	身長	体重	バスト	ウェスト	ヒップ
①	−0.34	−0.32	−0.43	−0.52	0.04
②	−2.22	−2.74	−1.13	−1.89	0.04
③	0.04	0.48	−0.43	2.24	−1.07
④	−0.71	0.89	0.99	0.86	1.15
⑤	0.79	0.48	−0.07	−0.52	−1.81
⑥	−0.71	0.08	−0.07	−0.17	0.04
⑦	0.79	0.08	2.41	0.17	1.89
⑧	1.16	0.48	0.28	−0.17	0.04
⑨	1.16	−0.32	−0.43	0.17	0.41
⑩	0.04	0.89	−1.13	−0.17	−0.7

表を眺めてみよう。

まず、目に付くのは②の日本代表だ。身長が−2.22で、−２を下回っている。体重については、もっと顕著で、−2.74と−３に近い小ささとなっている。ウェストも、−２は下回ってはいないものの、−1.89とそれに近づいている。つまり、②の日本代表はほかの日本代表たちに比べて、特別に「小さく細い」女性だということが判明した。

実は、この②の代表は、ミス・ユニバースの第３位に入賞している。

もう一人際立っているのは、⑦の代表だ。バストが2.41と２を超え、ヒップも1.89と２に近い。それに比べて、身長と体重は、「月並み」な範囲の数値となっている。つまり、⑦の日本代表はほかの日本代表たちに比べて、特別に「起伏の大きい」女性だということがわかる。そう、この⑦こそが、唯一、ミス・ユニバースの栄冠に輝いた人なのである。

このようなデータに応用してみることで、標準化の威力が実感としてわかるだろう。そして何より、このようなデータを見つけてきて、統計学の切れ味を試してみる統計学者という人種に対して、「おもしろい人たちだなあ」という感慨がわくのではないか。

プロローグ　統計学とは

1章　平均と標準偏差～データの秘密を見破る～

2章

正規分布
～統計学の親玉を攻略する～

3章　仮説検定～データから仮説の成否を判断する～

4章　区間推定～安全な予測を行う～

STORY 2
商店街と曲がり角とヒストグラム
三浦洋食店
三浦洋食店
ぼ〜〜〜…
だって問題解決したように見えるけど
メニューを減らしてマイナスになったのが
0に戻っただけで何も解決していないだろ
個人の力で
何とかなる
話じゃないぞ
ただ…
売上が落ちてるのを
止めるのは
え？
個人の力で
何とかなる話じゃない
ってどういうことよ？
う…
うん
この前言っただろ
うちの店も
客が減ったって

商店街青年部のみんなも言ってるよ
政治が悪いって
俺たちみたいな零細企業が潰れちまって
政治家たちがいつまで経っても抜本的な解決をしないでいるから
不景気のせいで商店街全体のお客さんが減ってるんだよ
だから晴香の店がどれだけがんばったって無駄ってことだよ
ヒック…
そんな…
飲まないとやってらんないだろ
ゴプ
ゴプ
ゴプ
なるほど…
そうなんだ…
くくく…
政治が悪いねぇ
え…
おばちゃんおかわりっ！
はいよ
ヒック…
ちょっと飲み過ぎよ

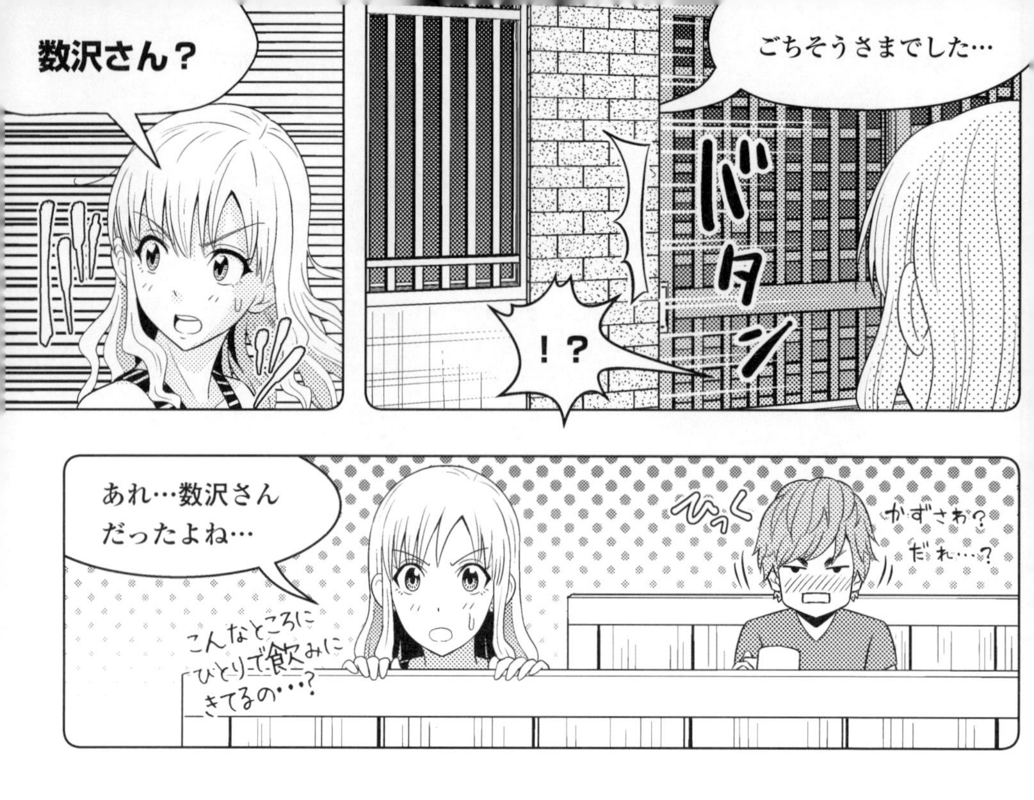
ごちそうさまでした…
バタン
!?
数沢さん?
あれ…数沢さん
だったよね…
こんなところに
ひとりで飲みに
きてるの…?
びっく
かずさわ?
だれ…?

むむむ…
本日新聞2014号
〈10〉 東京支社出版
不景気が直面する現実
やっぱり
不景気のせいか
!!

数沢さんなんで
こんなところに？
どどん
決まっているだろ
食事をしに来たんだ
トルコライスひとつ
君は本当に
学ばないな
え…
私が学ばないって
どういうことですか？
どん
問題をなんとなく
政治や景気のせいにして
納得してしまっている
ところだよ
もぐもぐ
どうして
それを…？

ああ　いたよ
君たちの
会話のせいで
酒がまずくなって
すぐに帰ったがな
んぐんぐ

君たちの意味のなくて
下らない会話が
ずっとお店の中に
こだましていたからね
ぱくぱく
もぐもぐ
やっぱり
昨日お店に
いましたよね？

商店街の
将来について
真剣に話して
いたんですよ
だってここにも
不景気だって
書いてあるじゃ
ないですか
ど…どういう
意味ですかっ
本日新聞
郊外都市・激安の
不景気が直面する
ばん!!

それは全国での
統計による数字だ
全国の平均的な傾向と
この商店街の
傾向とは同じじゃ
ないかもしれない
ぐいぐい
もぐ
もぐ

よって
参考にならない
う…

君が感じる不景気は
あくまで勘だろ
もぐ
もぐ
もぐ
そ…
そうですけど…

なんのために
統計学を
教えたんだ
統計学とは
たくさんある数字に
どのような
法則があるかを
理解する学問
あ、

経営判断や
戦略を決断するための
ツールとして
なくてはならない
ものだ
経験や勘のみで
判断すると体調や
機嫌などで
変化することも
あるから
雰囲気に
飲み込まれるんじゃない
って言っただろ

数字は
ウソをつかない
けど…

信じられないか？
もぐもぐ
だったら君の勘が
当たっているか
調べてみれば
いいじゃないか
どうやって？
商店街の売り上げダウン率と
近隣の商店街の数値を
比較するとかだ…
じゃらっ…
とにかく勘で
判断することは
やめるんだな

ごちそうさまでした
ガチャッ…
スタ
スタ
早っ!!
ええ
もう食べたの？

三浦洋食店
三浦洋食店

あれ…
タン…
タン…
世の中の数字と
うちの商店街では
傾向が違うかも…？
うちの店も…
高橋くんの店も…
アハハ
ぐー…
……
わ…
うちの商店街も…
下げ幅がきつい…
特に
ここ５年間の
下げ幅が
大きく
なっている

これって
政治や不景気が
悪いんじゃなくて
うちの商店街に
問題が
あるんじゃないの

青年部臨時会合
(晴香招集による)
…ということで
景気や政治に
問題があるというより
八七地区公民館
…うちの商店街に
何か問題が
あるかもしれないの
青年部主要メンバー
晴香は
専門家なのかよ
なんだよそれ
意味がわからねぇよ
チョ…
チョット
待ってくれよ
高橋
鈴木
斎藤
だって…
調べてみたら
そう答えが
出たんだもん
違うけど…
けど…
なんだよ
しゅん…
いえ…
なにも…
え…
お前がOLやってる間
俺たちがどれほど必死に
この商店街を
改革したと思ってんだ
だったら
知ったかぶり
するなよ
イベントやったり
大きな予算を投じて
区画整理したり
駐輪場つくったり
地図つくったり
立て看板出したり…

どれだけ言っても信じてもらえなかった
ゴロ
ゴロ
そんなことわざわざ伝えに来なくてもいい
だって…
このままだといけないと思って…
だったら商店街を集客できるように変えればいいだろう
簡単に言わないでよ
青年部のみんなだってこれまでがんばったってできなかったのよ
がんばったってやり方が間違っていては意味がない
う…
統計学の役目は問題点を浮き彫りにすることまでだ
あとはその問題点をどう捉えるか
ギシッ…
……
数字には色がない見る人によって赤にも青にも黄色にも変わる
くくく…
今の商店街の信号は何色だろうな？

……
とぼ
とぼ
!!
高橋くん…
どうしたの？
ちょっと
いいか？
ちょい
ちょい
キィ
懐かしいね
ここらへんでよく
かくれんぼしたね
……
昔は色々と
乱雑としてたから
隠れるところが
いっぱい
あったもんね
キィ…
キィ…
今はこんなに
キレイに
なっちゃって
なんだか
つまんない

あのさ…
さっきは
ごめん
キィ
え…
晴香の言うとおり
かもしれない
キィ…
キィ…
がんばったことを
言い訳にしていた

高橋くん…
ざざっ
俺は
どうしたら
いいかな…？
まずはみんなを
説得しましょう
商店街の未来は
私たちにかかって
いるんだから
もう一度一緒に
商店街の未来を考えよう
!?
何度も来るなって…！
きっと
うまくいくはず
おねがいっ!!

ありがとうございます
晴香と高橋の
気持ちはわかったよ
話を聞けば
いいんだろ
酒房
一発搾り
さぁ晴香
みんなに君の
考えを伝えて
けどこれ以上
何をしたら
いいんだ…
正しいと
思うことは
すべてやった
つもりだぞ？
え…
え…
ふざけんな
忙しいのに
おれは帰る
ガラララ
スタ
スタ
まさか…何か
解決策があるんじゃ…？
そ…
そんなの
ないよ…

ちょっと待って！
ちょ
オレは忙し…
すぐに戻るから
あとお願い高橋くん!!
ピシャ!!
研究室
数沢　九十九
何が嬉しくて私が商店街の再興の手助けをしないといけないんだ…？
お願いします助けてください
やだ　忙しいんだ
プル
プル
プル
とん
とん
こんなにも頼んでるのに…
別に問題ないが
もううちの店のトルコライス食べさせませんよ
キィイイイ!!
それは困る
くるっ
きぃいいい　ホコリあげませんからね！
キィイイイ!!
は？トルコライスよりホコリなの

はい！
それじゃあ
アドバイスだけ

お待たせしました！
ハァ…！
ハァ…！
ハァ…！
スパーーン!!
!!

アドバイスできるのは
一点だけだ
「にぎやかな商店街と
この商店街とで
何が違うのかを
数字で明らかにする
そのために
とにかくデータを
たくさん用意して
分析しろ」

そんなものまで？
ハァ
ハァ
ハァ
何もかもだ
道幅
曲がり角の数
高低差
商店数
住居数
新築数
旧家屋数
取り壊し数
学童の人数
老人の人数
男女比
ペットの数
もあるといい
データって…何を集めてたらいいんだよ？
ハァ
ハァ
ということです
データがあればあるほどいいの！
とにかくどこに答えが潜んでいるのかわからないので
わ…わかったよ

モモ太郎
モンロー
モモ太郎
aoke
カラ
モンロー

よし とにかくみんなでデータ片っ端から集めようぜ！
やじま

灯小路店

数日後

おぉ
こんなにも
生データが

お願いします
!

だから…
僕がやっても
仕方がない

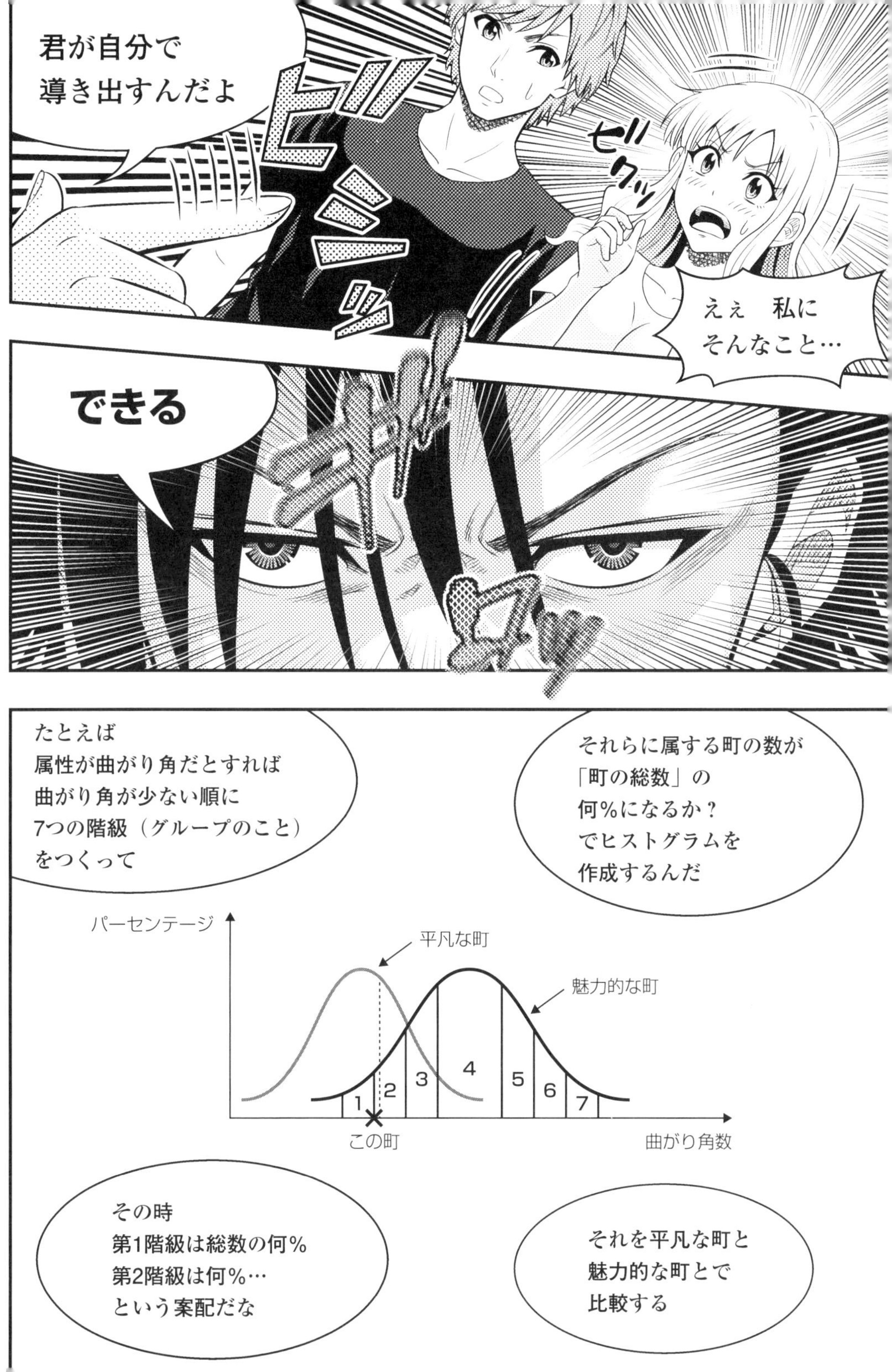
君が自分で
導き出すんだよ
ビシッ
ビクッ
えぇ　私に
そんなこと…
できる
たとえば
属性が曲がり角だとすれば
曲がり角が少ない順に
7つの階級（グループのこと）
をつくって
それらに属する町の数が
「町の総数」の
何%になるか？
でヒストグラムを
作成するんだ
パーセンテージ
平凡な町
魅力的な町
1
2
3
4
5
6
7
この町
曲がり角数
その時
第1階級は総数の何%
第2階級は何%…
という案配だな
それを平凡な町と
魅力的な町とで
比較する

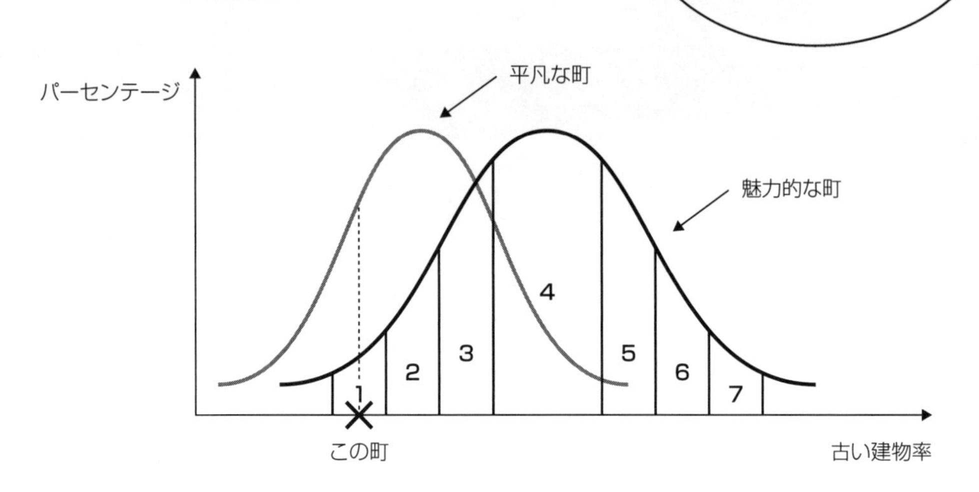
ピックアップする項目は
「町に占める古い
建物の割合が少ない順」
というのも考えられる
だが　これらは
大ざっぱには
どれも図のような
正規分布になる
パーセンテージ
平凡な町
魅力的な町
1
2
3
4
5
6
7
この町
古い建物率

このヒストグラムで
わかることは
魅力的な都市は
どの属性についても
第3〜5にその大部分が
属しているということ
こうやって　この町が
どの階級に属するのかを
検証してみるんだ

カァ
カァ
バサ
バサ

私なりの
結論は…

1.道が入り組んでいる
2.古い町並みと
新しいモノが
共存している
3.人が多く横の
つながりが強い
という商店街が
人がたくさん集まる
という結果が出ました
……

つまり
ジェイン・ジェイコブズ
が言っていた結果と
同じになったわけだ
え？
誰ですか
それは？
は？
うちの商店街と
全然違うじゃん…

今のような
点が都市が
魅力的である
条件として
挙げられている
アメリカの
ジャーナリスト
なんだが

そうだね
くくく…
ちょっと
待ってくれよ
余計なものを
排除したのに…
全部無駄って
ことだったのか…？

すた
さぁ僕の役割は終わった
簡単に言うなっ！
すた
え…

この後商店街を
どのように
デザインするのかは
君たちが決めることだ
あとは
君たちの仕事だ

パタン…
カァー
……
カァー

推測統計の入り口
——母集団を理解する

第１章では、平均値、分散、標準偏差を紹介した。これらは記述統計の指標であり、データの特徴を浮き上がらせるための「あぶりだし」のような役割を果たすものであった。

ここからは、平均値、分散、標準偏差などの統計量を推測統計の指標として利用するやり方の解説に入る。

推測統計とは、確率の理論を導入して、**観測されたデータの背後にある「データを生み出す不確実性のしくみ」を推測する**ことだ。

推測統計の入り口として、まず、**「母集団」**を理解する必要がある。

なんで推測統計って必要なの？　記述統計だけじゃだめなの？

記述統計というのは、目の前にある観測データの特徴を見抜くものだ。これは、観測されたデータたちについて、主観を排して客観的な判断をするのに役立つ。でも、その観測データの背後には、それらの数値を生み出している巨大なしくみがあることを忘れてはならない。

巨大なしくみって？

たとえば、30人のクラスメイトの誕生月を調べたとするだろう。1月生まれが何人、２月生まれが何人……などとわかる。ここからは、そのクラスに何月生まれが多いとか、何月生まれが少ないとか、そういう「このクラスでの誕生月の特性」がわかる。
でも、これらの30個の数値は、日本人の出生に関する巨大な社会的しくみから生じてきたものの一部分だ。もしも、クラスメイトたちの誕生月の数値から、そういう巨大なしくみについて何か言えたら、すばらしいと思わないかい？

たしかにそうだけど……そんなことができるの？

それが推測統計の技術なんだ。クラスメイトたちの誕生月のデータから、日本人全体の誕生月の分布を推測すること。それは、「部分から全体を推測する」ということを意味する。部分から全体がわかるなんて、スゴイだろう。

スゴイけど、ふ、不可能な気がする……。

確率の理論を使えば、できるのさ。

■母集団とは

「母集団」とは**「知りたい対象に関する数値すべてを集まりとしたもの」**のことだ。そして、**母集団の中から観測された一部の数値**を**「標本」**と呼ぶ。

標本というは、今まで「データの数値」と呼んできたものの専門用語である。標本が耳慣れなかったら、データと

図14　母集団のイメージ

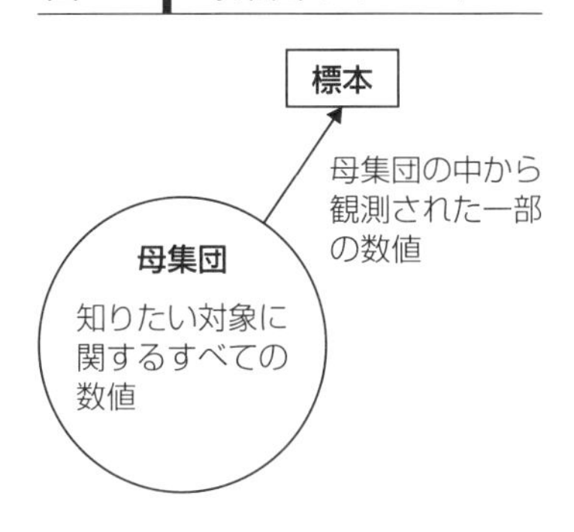

イメージすればよい。推測統計とは、**「観測された標本から母集団について推測する営み」**とまとめることができる。

母集団には、通常の感覚で把握できる**「有限母集団」**と、イメージ化が困難な**「無限母集団」**がある。前者はわかりやすいが、後者は抽象的で理解しづらい。しかし、意外なことにも、抽象的な後者のほうが圧倒的によく用いられている。

以下では、このふたつの違いを説明していく。

■有限母集団の例

有限母集団というのは、有限個である調査の対象物をすべてかき集めたもの。その**調査対象は具体的**である。

有限母集団とその標本のわかりやすい例としては、選挙の投票がある。候補者名を記入して投票された投票用紙をすべて集めたものが母集団、出口調査の聞き取りで事前にわかった投票が標本となる【図15】。

図15 ┃ 有限母集団の例1　出口調査

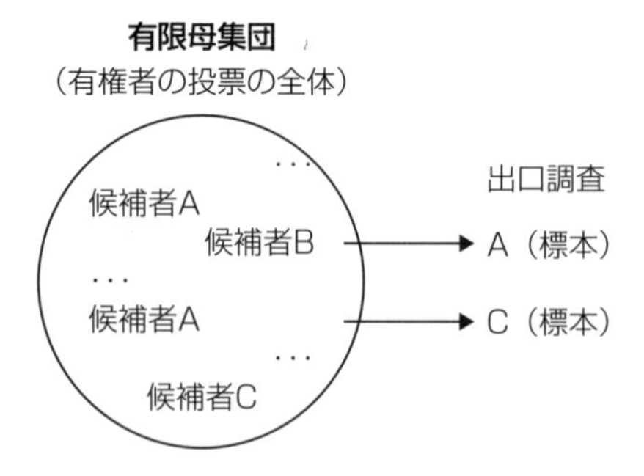

もうひとつ、日本人の血液型を例としよう。

すべての日本人をABO型の血液型で分類しリストにしたものが母集団、医療機関でたまたま検査され判明した一部分の血液型が標本である【図16】。

図16 ┃ 有限母集団の例２　血液型

有限母集団
（全日本人の血液型）

B型　…
A型
…　AB型
A型　O型
…

病院
B型（標本）
O型（標本）

選挙の場合は、翌日には、各投票者の名前を書いた投票用紙の全体が明らかなる。これは、母集団が厳密にわかる希有な例だ。

一方、血液型の分布は、日本人全体という大きすぎる集団のため、厳密にわかることはないだろう。

■無限母集団のイメージは福引き箱

有限母集団はなんとなくわかったけど、それだけじゃ足りないのよね。無限母集団って難しそうだけど、なんで必要なわけ？

有限母集団と言っても、その大きさは色々だ。学校の生徒数の数百のものもあるし、日本人全体みたいな億単位のものもある。「学校の生徒がどのくらいお小遣いをもらっているか」などは全員を調べ尽くしてしまうことができるから、統計学はいらない。でも、世論調査や視聴率の調査なんかは、日本人全員に聞くわけにはいかないから、標本を抜き出して調べることになるだろう。ただ、2000人分の標本を調べてしまうと、推測している日本人全体から調べた2000人は除外されることになる。これは非常に面倒なことだ。

なるほど、それはたしかに面倒ね。じゃ、無限母集団って、有限母集団とは違うの？

無限母集団は、そういう「一部観測すると、母集団が変わってしまう」という面倒さをなくすためのものだ。さらには、無限母集団は単に有限が無限になった、というのとは違う。確率のしくみをもったものを無限母集団と呼ぶんだ。

確率のしくみ?

たとえば、画びょうを投げたとき、平らな面が床に付く場合と、針先が床に付く場合と、それぞれの確率が知りたいとするだろう。そのためには、百回ぐらい投げて標本をとるのがふつうだ。
ここで大事なのはふたつ。まず、百回観測しても確率のしくみは変わらないこと。つまり、母集団は変化しない。そして、何回投げても、「全部を調べ尽くす」ことはできないということ。画びょうは何回でも投げられる。

そっか、それが無限母集団ってことなのね。

そうだ。無限母集団とは、何回標本を観測しても変わらない「確率的なしくみ」のことだ。統計学が扱うのは、「調べ尽くすことのできない確率的しくみ」を暴くことなんだ。

続いて、無限母集団を説明しよう。

無限母集団とは、有限母集団のような「対象となる数値をすべて集めた集団」のことではなく、いわゆる**「確率分布」**のことである。

確率分布とは**「数値がランダムに発生する確率的なしくみ」**のことだ。

確率とは、「可能性」のことだから、**無限母集団は具体的にさわったり、見たりすることはできない、「架空」の存在、フィクションなのである。**

確率分布は数学的な意味では「数値を集めたもの」ではないが、確率分布も「数値を集めたもの」とイメージ化できたほうが理解しやすいだろう。そこで、以下では「確率分布のイメージ化」を試みる。

以下では、最も簡単な無限母集団の例として、コイン投げの確率分布をとりあげる。

コイン投げと言えば、誰もが「オモテとウラが五分五分の確率で出る」と思い浮かべるはずだ。では、このコイン投げに対応する無限母集団とはなんだろうか。

コイン投げの無限母集団は、**「無限個の1と0」**から構成されると考える。【図17】のような**「無限個の球が詰められた福引き箱」**を想像してほしい。

球には1または0が記入されており、どちらの球も無限個詰められている。ここでは、数値1がオモテに、数値0がウラに対応するものとする。

そして、無限個なのだが、**「1の個数と0の個数は同数」**だと空想する。

図17 ┃ 無限母集団の例

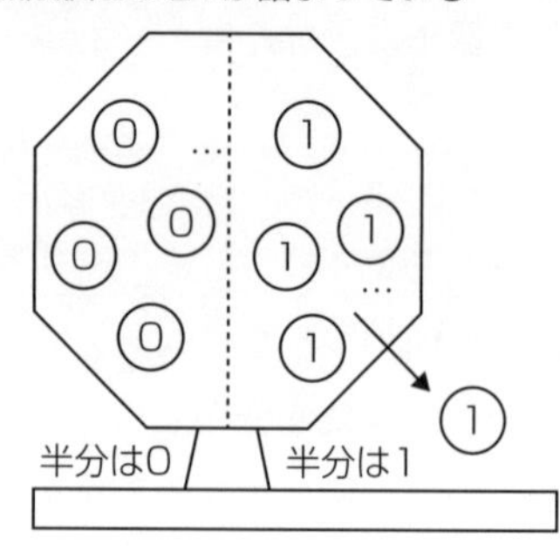

こんなイメージは教科書には書けないので、通常の統計学の教科書であれば、コイン投げの確率分布を母集団として以下のように設定する。

＊１か０かが標本として観測される
＊１と０が、それぞれ２分の１の確率で観測される

本書では、これを次のように福引き箱に対応させて考えていくことにする。

確率分布	福引き箱
1か0かが観測される	1の球と0の球が無限個ずつ詰まっている
それぞれ、2分の1の確率で観測される	それぞれ、同数詰まっている

■確率分布を図で示す

確率分布を図示したい場合は、通常は、**「確率分布図」**を描く。

それは、横軸に生起する数値（標本として観測されうる数）をとり、その上の棒グラフ（ヒストグラム）として、その数値が生起する確率を高さとする棒を描いたものだ。

【図18】のようになる。

図18　コイン投げの確率分布図

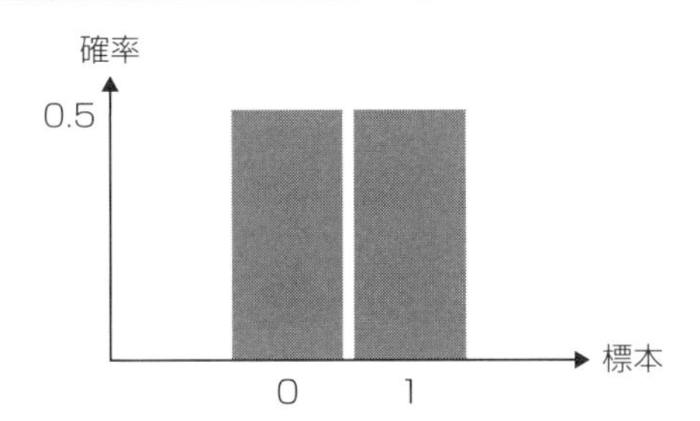

ここで確率0.5を、各数の描いた球の比率（相対度数）だと解釈すれば、これはプロローグの解説の中（33ページ）で説明したデータのヒストグラムと対応させることができる。それが、【図19】である。

図19　福引き箱の中の球のヒストグラム

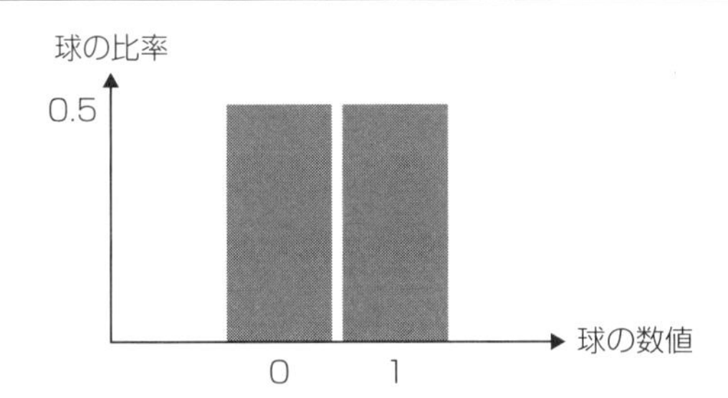

【図19】が表しているのは、**「福引き箱の中の球に描かれている数値は０が半分、１が半分」**ということである。

したがって、ここでは「確率的に観測される標本」を、「福引き箱の球が１個取り出されて、それに数値が記入してある」と解釈する。

この福引き箱（無限母集団）で重要なのは、**「球を１個取り出しても福引き箱の中の球の構成には何の影響もない」**ということだ。すなわち、【図17】の構成は球が取り出された後もそのままになるのである。

この点が、無限母集団を扱う利点なのだ。

有限母集団では、標本をひとつ観測すると、母集団に含まれる標本が１個減って、母集団が変化してしまう。これは、統計的推定をする上で、非常に不自由である。それに対して、**無限母集団では、標本を何個観測しても、母集団の状態は変化しない**。

たとえば、コインを何回投げてもその後の確率現象に影響がない。これを【図19】のヒストグラムで言い換えれば、福引き箱から球を取り出し、その数値が１か０かを見ても、福引き箱には相変わらず無限個の球が詰まっていて、その比率が半々であることが変わらない、ということである。

母平均、母分散、母標準偏差の計算

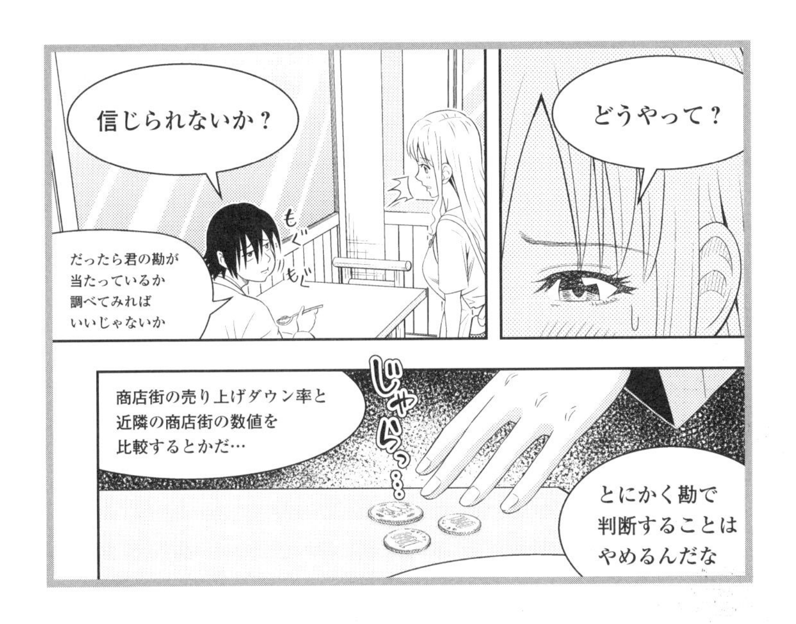

無限母集団がどういうものかなんとなくイメージできたけど、次は母平均、母分散、母標準偏差？？　なんでこんなに理解しなきゃいけないわけ？

推測統計では、無限母集団からいくつかの標本が観測される、と考える。無限母集団のイメージは、数値を描いた無限個の球の詰まった福引き箱だ。

……それは、どうにか理解したわ。

このとき、福引き箱の数値全体の平均、分散、標準偏差を知ることにはふたつの意義がある。まずは、これらがわかれば母集団が表す確率的なしくみを特定できること。そして、母集団という無限個の数値たちの平均、分散、標準偏差の数値たちと、観測された標本たちの平均、分散、標準偏差の数値たちとには密接な関係があるから、後者から前者を推論することができる、ということ。

そっか、それが「部分から全体を推測する」ということの意味なのね。

確率分布の母集団に対しても、平均値、分散、標準偏差を定義することができる。

それぞれ、「母」をつけて、**母平均、母分散、母標準偏差**と呼ぶ。ここで母平均は「母集団の平均」を略したものである。

有限母集団の場合は、第1章で説明した方法で、平均、分散、標準偏差を計算できるから問題ない。

困るのは、無限母集団の場合だ。確率分布とは確率的な現象だから、それにどうやって平均、分散、標準偏差を取り決めたらよいのだろうか。

たとえば、コイン投げの確率分布を母集団とした場合、そのイメージは【図17】のように無限個の数値の集まりとなる。そうすると、全数値の合計は無限大であり、このままでは平均を計算することはできない。

こういうとき、数学では、「有限の場合を参考にして、無限の場合に拡張する」のが常道である。

仮に【図17】の福引き箱の球の個数が大きな有限値Nだったとしよう。そうすると、詰まっている「1」の球はちょうど半分のN/2個、「0」の球も同じN/2個である。

この場合、平均値は次のように計算できる。

[数値の合計]÷[個数]$=\left(1\times\frac{N}{2}+0\times\frac{N}{2}\right)\div N$

$=\left(1\times\frac{N}{2}+0\times\frac{N}{2}\right)\times\frac{1}{N}$ ←Nで割ることを、$\frac{1}{N}$を掛けることに置き換えた

$$= 1 \times \frac{N}{2} \times \frac{1}{N} + 0 \times \frac{N}{2} \times \frac{1}{N}$$ ←$\frac{1}{N}$の掛け算を分配した

$$= 1 \times \frac{1}{2} + 0 \times \frac{1}{2}$$ ←Nを約分した

これが平均値の値である。

個数Nは約分によって消滅して、最後の計算式には現れていないことに注目しよう。ここで、1に掛け算されている$\frac{1}{2}$は、1が観測される確率（【図19】の「1」の上の棒の高さ）であり、0に掛け算されている$\frac{1}{2}$も0が観測される確率（【図19】の「0」の上の棒の高さ）である。

したがって、この計算は、

[数値]×[その数値が観測される確率]の合計

となっていると理解できる。

福引き箱の例で言えば、

[球の数値]×[その球の比率]の合計

というである。

これを【図19】で見てみると、

[横軸の数値]×[数値の上の棒の高さ]の合計

となる。この計算は、Nがどんな大きな個数でも同じであるため、「Nが無限でも同じになる」と飛躍して解釈するのである。これが、確率分布の平均値、すなわち、無限母集団の母平均の定義である。

コイン投げの無限母集団の母平均は、以下のとおりである【図20】。

[コイン投げの母平均]＝1×0.5＋0×0.5=0.5

図20 ┃ 母平均の計算イメージ

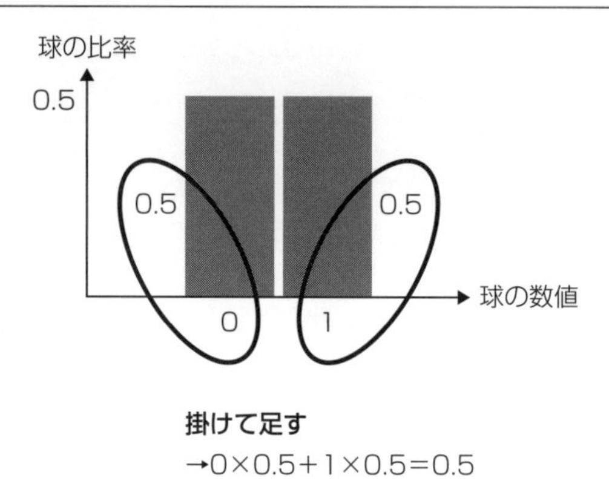

掛けて足す

→0×0.5+1×0.5=0.5

以上をまとめると、母平均の計算は次のようになる。

母平均の計算

確率分布では、

＊［母平均］＝［数値］×［その数値が観測される確率］の合計

福引き箱のイメージでは、

＊［母平均］＝［球の数値］×［その球の比率］の合計

ヒストグラムでは、

＊［母平均］＝［横軸の数値］×［数値の上の棒の高さ］の合計

■母分散と母標準偏差の計算の仕方

最初は複雑だと思ったけど、母平均って意外とわかりやすいのね。でも、まだ母分散と母標準偏差も計算する必要があるのよね……。なんでこんなに面倒なことしなきゃいけないの？

これは、少し技術的な理由なんだ。

技術的って？

無限母集団を仮定する際、ほとんどの場合は、正規母集団というものを想定する。正規母集団は母平均と母標準偏差が決まれば、一通りに決まってしまう。だから、正規母集団について知りたいときは、母平均に加えて、母標準偏差、あるいはその２乗である母分散がわかれば十分なんだ。

ということは、逆に言うと、母標準偏差が未確定だと、母集団がちゃんとわからない、ってことね？

そういうことだね。

次に、母分散をどう取り決めるかを解説する。

まず、通常のデータセットに対しては、**分散は、「偏差の２乗を平均する」**のであったことを思い出そう（73ページ）。ここで偏差とは、各データから平均値を引き算した数値であった。

したがって、【図21】のような手順で計算する。

図21 ┃ 母分散の計算イメージ

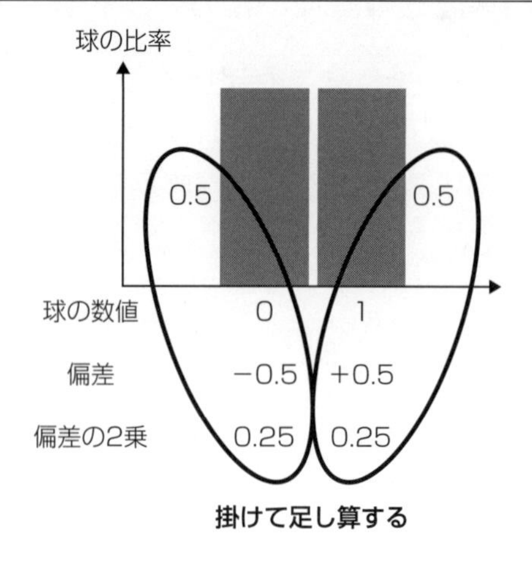

球の数値は０と１で、平均値は0.5だから、各数から0.5を引けば、各偏差が出る。それが、−0.5と＋0.5だ。

これらの偏差を２乗すれば、両方とも0.25となる。つまり、福引き箱に詰まっている球の数値の偏差の２乗はすべて0.25ということである。

球は半分が０の球、半分が１の球で、どちらについても偏差の２乗は0.25であるから、偏差の２乗の平均値は、偏差の２乗と棒の高さを掛けて加え合わせれば出る（平均値を算出したときと同じ考え方だ）。

[偏差の２乗の平均値]＝0.25×0.5＋0.25×0.5＝0.25

これが【図17】、【図18】、【図19】で表される無限母集団の分散、すなわち、母分散となる。

[コイン投げの母分散]＝0.25

したがって、このルートをとれば、【図17】、【図18】、【図19】で表される無限母集団の標準偏差、すなわち、母標準偏差となる。

［コイン投げの母標準偏差］＝$\sqrt{0.25}$＝0.5

以上の計算は、一般の無限母集団にも適用することができる。
次のようにまとめられる。

母分散、母標準偏差の定義

＊［母分散］＝［球の数値の偏差の2乗］×［その比率］の合計

＊［母標準偏差］＝［母分散のルート］

■母標準偏差は何を表しているか

推測統計では、**母平均をギリシャ文字μ**（ミューと読む）で、**母標準偏差をギリシャ文字σ**（シグマと読む）で表す習わしがあるので、本書でもそうする。分散をルートにしたものが標準偏差だったことを思い出せば、分散は標準偏差の２乗ということだ。だから、母標準偏差がσと表されることから、**母分散は、σ^2**と表される。

さて、母平均μや母標準偏差σは何を意味しているだろうか。

第１章で解説した平均値と標準偏差の役割を無限母集団に当てはめればいい。

母平均μとは、母集団の数値たちを代表する中ほどの数値である。したがって、母平均μを教えてもらえば、**「母集団を表す確率分布では、μの周辺の数値が観測されるのだろう」**と推測することができる。また、母標準偏差σを知れば、**「母集団を表す確率分布は、μの周辺の数値が観測されるが、もちろんμの前後に揺らぐ。その揺らぎの程度はσだろう」**と推定することができるのである。

実際、先ほど例としたコイン投げの確率分布では、母平均は0.5、母標準偏差は0.5だった。このことから、**「この母集団は、0.5の周辺の数値からなり、0.5から±0.5程度揺らぐのだろう」**と推測できる。

これを言い換えれば、**「0.5+0.5と0.5−0.5あたりの数値の球が詰まった福引き箱であろう」**と推測できるということだ。だから、「1と0の詰まった福引き箱」だと推論でき、この場合は、母集団をはっきりと言い当てている（一般には、こんなにはっきりと当てることはできない）。

以上をイメージ的にまとめると次のことが言える。

母平均μと母標準偏差σ

＊母平均μは、福引き箱の球の数値がμの周辺の数値であることを教えてくれる

＊母標準偏差σは、福引き箱の球の数値がμの前後に±σ程度揺らぐことを教えてくれる

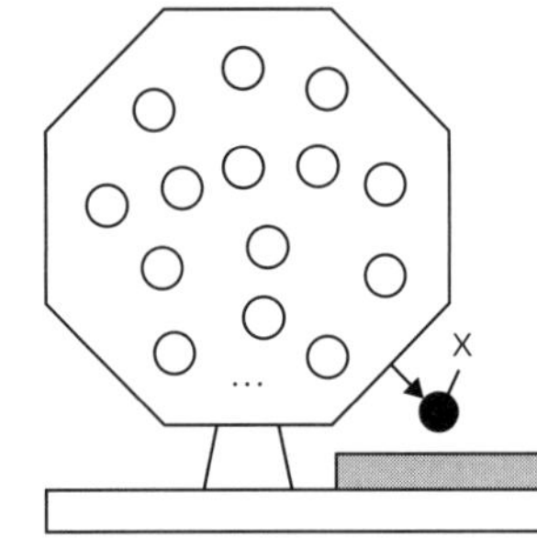

正規母集団は統計学の親玉

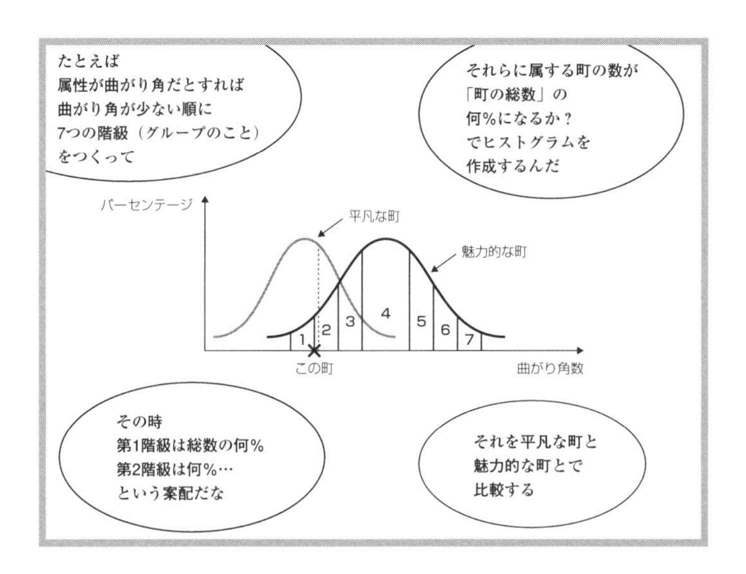

無限母集団のうち、統計学で最も重要視されるのは、**「正規母集団」**と呼ばれるものである。正規母集団とは、確率分布図が特徴的な形をした、一群の分布のことである。

正規母集団は、**世の中に最も頻繁に現れる母集団**だ。典型的なのは、人間や動物や樹木の背丈の分布である。また、観測誤差や、電波のホワイトノイズにも見られる。

■正規母集団の標準モデル～標準正規母集団～

正規母集団には無限個の種類があるが、最も基本になるのが**「標準正規母集団」**と呼ばれるもので、**これは正規母集団の標準モデル**と言える。

標準正規母集団の確率分布図は【図22】のようになる。ここで、横軸のxは生起しうる数値（標本として観測されうる数値）で、縦軸はそれが出現する確率密度である。

図22 ┃ 標準正規母集団の確率分布図

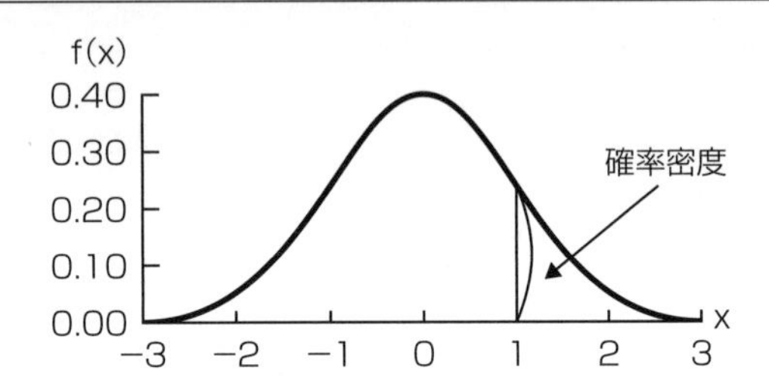

ここで、正規母集団の確率分布のヒストグラムが滑らかな曲線になっていることにとまどう人が多いだろう。「ヒストグラムって、棒グラフの仲間だったじゃないか」と。この点については、「棒グラフの棒の個数が無限に多くなって、各棒が無限に細くなったものがこの曲線なのだ」と理解してほしい。

【図23】のイメージを見てほしい。

図23 ┃ 確率分布図のイメージ

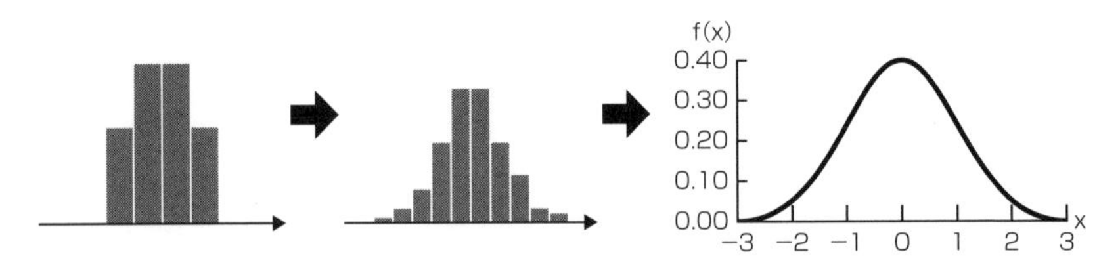

最初に左のような棒の太いヒストグラムを用意する。それらの棒を細くして本数を増やすと、真ん中のようになる。それを極端にして、棒の本数を無限に増やし、代わりに各棒の太さをゼロにしたものが、右の正規分布と考えるのだ。

こうすると、棒の本数が無限となってしまったので、今までのように、「各棒の高さが確率」と考えるわけにいかない。なぜなら、無限個の数を足すと無限になってしまうが、「全確率は１」というのが確率の制約だからである。

そこで、**棒の高さではなく、「幅をもった領域の面積」を確率と考える**ことにする。

つまり、**確率密度（曲線の高さの数値）とは、「幅をもたせて面積にすると確率に転換される」量のこと**である。とは言っても、本書では重要ではないので、あまり心配しなくてよい。

標準正規母集団の確率分布図は、以下のような特徴をもつ。

標準正規母集団の確率分布図の特徴

＊y軸（x＝0）を対称軸に、左右対称となっている
＊釣り鐘型（ベル型）をしており、最も高い場所はx＝0のところである
＊確率密度はどんなに大きな正のxでも、どんなに小さな負のxでも0にはならない（グラフの裾野が左右に無限に延びている）
＊x≧２の部分では、グラフは急激に低くなる。同様に、x≦－２の部分でも、グラフは急激に低くなる

前述したように、この確率分布では、面積が確率を表す。

たとえば、－１≦x≦１を満たすxが観測される確率は、【図24】の網掛け領域の面積に対応しており、それは約0.68となる。

図24 ｜ －１≦x≦１を満たすxが観測される確率

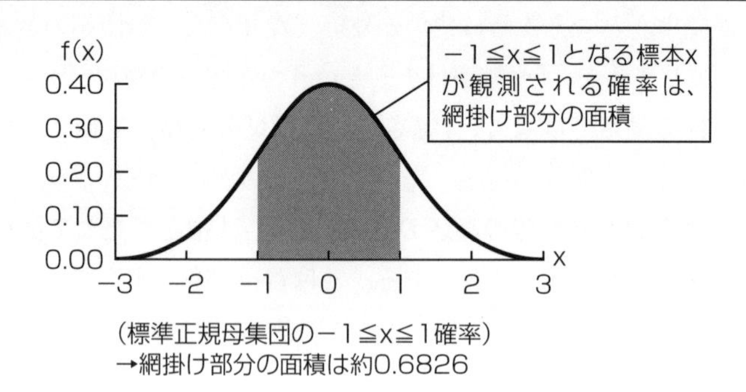

(標準正規母集団の−1≦x≦1確率)
→網掛け部分の面積は約0.6826

標準正規母集団も、コイン投げと同じように、福引き箱をイメージすると理解しやすいだろう。

ただし、コイン投げが「半分の０と半分の１の球から構成されている」だったのとは異なり、かなりわかりにくいイメージとなる。

標準正規母集団の福引き箱に詰められた球には、**マイナス無限からプラス無限までのすべての数**が書かれている。しかも、**各数の書かれた球は、それぞれ無限個ずつ**あり、**それぞれの占有比率が異なっている**。０の近辺の数が書かれた球が圧倒的に多く、２を超える数の書かれた球や－２を下回る数の書かれた球は著しく少ない【図25】。

－１以上＋１以下の球は、全体の７割近くを占めている。商店街の福引きを例にすれば、「はずれ球」みたいなものである。

他方、＋２を上回る球は出てくることが稀で、全体の2.3パーセント程度である。商店街の福引きで言えば、「当たり球」のようなものだと言える。

同様に、－２を下回る球も全体の2.3パーセントと稀である。

言い換えると、**「－２から＋２までの数値は、全体の95.44パーセントを占めている」**ということだ。

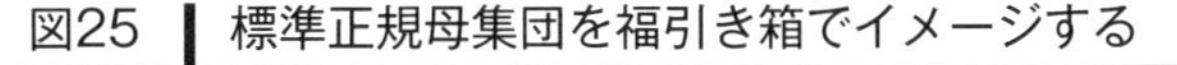
図25 ┃ 標準正規母集団を福引き箱でイメージする

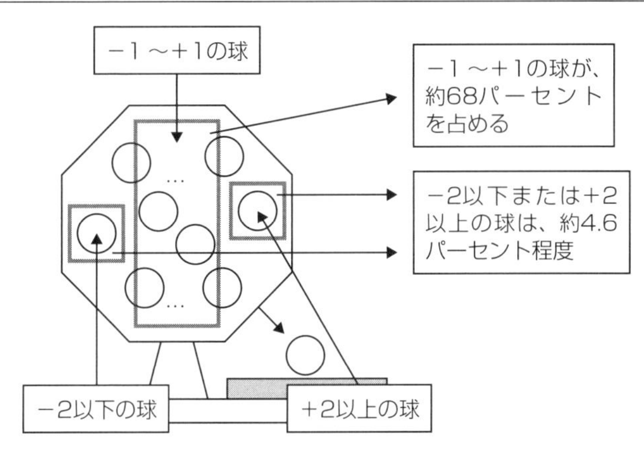

だから、この母集団から0.7という標本が観測されるのは月並みなことであり、2.6という標本が観測されることは珍しい「特別なこと」だと言える。

■一般の正規母集団は、標準正規母集団を加工したもの

標準正規母集団が「標準モデル」ってことは、それ以外のものもあるってこと？　わかったような気はするけど、どんなふうに役立つものかが、まだイメージできないかも。

前に言ったように、正規母集団は母平均と母標準偏差を決めれば特定される。言ってみれば、冷蔵庫を選ぶとき、大きさと色を指定すると、製品がひとつに決まるようなものだ。

そっか、大きさが母平均、色が標準偏差に対応するわけね。

そう、冷蔵庫を選ぶ場合も、店員がたいていの家庭に勧める標準モデルってあるだろ？　それが標準正規母集団に当たるわけだ。そして、お客さんは、標準モデルを参考にして、大きさをどれにするか、違う色にするかを考える、ってことだね。

それじゃ、標準正規母集団の「標準」って、何を意味するの？

標準正規母集団の「標準」とは、母平均が0で、母標準偏差が1ってことだ。0も、1も、世の中の「基準の数」だよね。それともうひとつ、どんな正規母集団の数値も標準化すれば、標準正規分布の数値に変わる。それも標準の意味となっている。

正規母集団には無限個の種類がある。しかし、一般の正規母集団はどれも、この標準正規母集団を加工すれば簡単につくり出すことができる。

すなわち、標準正規母集団のグラフを左右に拡大し、横軸方向に平行移動させることで得られるのである。それゆえ、「標準」と名付けられているのだ。

具体的には、以下の手続きである。

図26 ┃ 一般の正規母集団のつくり方

ステップ1　y軸を中心に左右にσ倍に伸ばす。全確率が1であることを保つために、グラフの高さはσ分の1となる

ステップ2　山のてっぺんのx座標がμとなるところまで横軸方向に平行移動する

【図27】は$\sigma = 2$、$\mu = 3$に対する具体例である。

標準正規母集団の確率分布図を、左右に2倍に拡大し（同時に、高さを2分の1倍に低くする）、グラフの全体を横軸方向の右側に＋3だけ移動している。

こうすると、ベル型の山のてっぺんは＋3の場所となる。また、てっぺんの高さは元よりも低くなり、裾野が元よりも高なる。

山のてっぺん（最も観測されやすい標本の値）が＋3の場所であることから、この正規母集団の**母平均が3**だとわかる。また、左右に2倍に広げたこ

とから、揺らぎ・広がりは２倍になるので、**母標準偏差は２**となる。

一般の正規母集団の場合にも、**平行移動の量μは母平均**となっており、**拡大率のσは母標準偏差**となる。

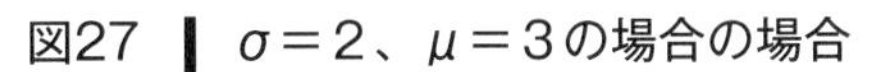
図27　σ＝2、μ＝3の場合の場合

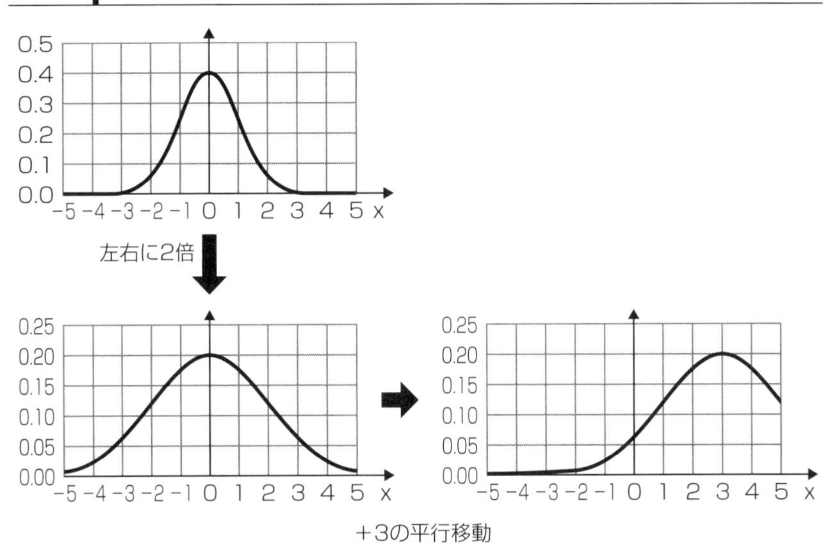

■ μとσの役割

標準正規母集団から一般の正規母集団をつくるグラフ上の操作を、福引き箱のイメージで言い換えると次のようになる。これを理解すれば、一般の正規母集団の福引き箱と標準正規母集団の福引き箱の関係がイメージできるようになる。このイメージを使えば、一般の正規母集団に対する推定は、標準正規母集団の推定に翻訳できてしまう。そうすると、結局、標準モデルだけ知っていればいい、ということであり、とても便利である。

①標準正規母集団の福引き箱の球をいったんすべて取り出す

↓

②各球に記入されている数値をみな一様にσ倍してμを加え書き換える

↓

③再度福引き箱に詰め直す

このようにしてつくり直した福引き箱は、平均がμで標準偏差がσの正規母集団となる。

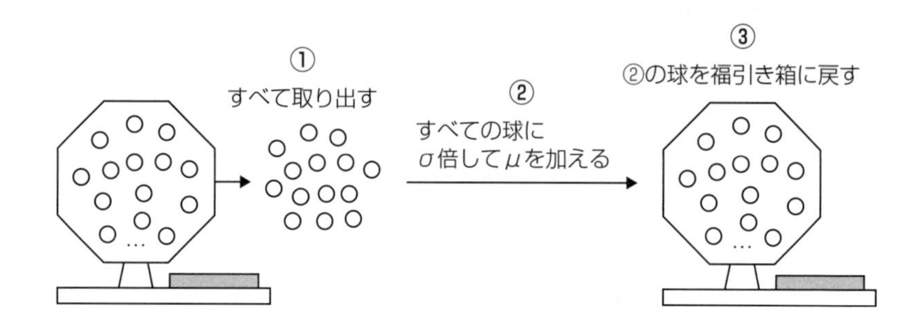

平均μは、確率分布図の山のてっぺんの位置となっているから、観測する場合に最も観測されやすい数値だ。したがって、「どんな数値が標本として観測されるか予言しろ」と言われれば、**「μ近辺であろう」と予言するのが妥当**となる。

しかし、その予言がどのくらいの確しからしさで当たるかは、分布の「揺らぎ・広がり」に依存する。これを表すのが標準偏差σである。**母標準偏差σが小さいとき**は、山のてっぺんが高く、両裾野の低い分布となる。つまり、μの周辺の数値が多いので、μのそばの数値が観測されやすい。

すなわち、**予言はかなりの確しからしさで当たる**ことになる。

他方、**母標準偏差σが大きいとき**は、山のてっぺんが低く、両裾野の高い分布となる。この場合、μから離れた数値もけっこうな頻度で観測されるから、**予言のはずれる可能性が高くなり、確からしさは小さくなる。**

なお、正規母集団は、μとσを決めるとひとつに決定する。特に、標準正規分布は、$\mu=0$、$\sigma=1$に対応する。

■「一般」を「標準」に加工する標準化

前節では、標準正規母集団の福引き箱を一般正規母集団の福引き箱につくり替える方法を解説した。これを逆向きに使えば、一般正規母集団の福引き箱を標準正規母集団の福引き箱につくり替えることができる。

このしくみは、あらゆる外国語を日本語に自動翻訳してくれる翻訳サイトと似ている。このしくみによって、推定問題をいつも標準正規母集団の言葉で考えることができるようになるので、非常に便利なのだ。

一般の正規母集団を標準正規母集団の数値に変換するには、先ほどの逆算をすればよい。

標準正規母集団
→（左右にσ倍の拡大、横軸方向にμの移動）
→（平均μ、標準偏差σの正規母集団）

だったから、矢印を反対向きにたどることで、

（平均μ、標準偏差σの正規分布）
→（横軸方向に$-\mu$の移動、σ分の１の縮小）
→標準正規母集団

となる。

【図27】の例で言えば、
（平均２、標準偏差３の正規母集団）
→（横軸方向に－２の移動、３分の１の縮小）
→標準正規母集団

ということである。

式で書けば、平均μ、標準偏差σの正規母集団の数値xを標準正規母集団の数値に加工する場合、次の計算をすればよい。

(x－平均値)÷標準偏差＝(x－μ)÷σ

この計算をよくよく見てみると、82ページで解説した**「データの標準化」にほかならない**とわかる。

すなわち、標準化の操作を正規分布に当てはめると、**「正規母集団の数値を標準正規母集団の数値に加工すること」にほかならない**のである。このことも、「標準化」という作業が重要である根拠のひとつとなる。

■標準正規母集団がポイント

この性質から、**「正規母集団を扱う上では、標準正規母集団の知識だけがあれば十分」**ということがわかる。正規母集団に関して知りたいことを標準正規母集団の問題に翻訳できるからだ。

ひとつ具体例を試してみよう。

「平均μ＝8、分散σ＝3の一般正規母集団から、＋2以上＋14以下の標本が観測される確率」を知りたいとする。

この問題を解くには、標準化して、標準正規母集団の問題に翻訳する。

＋2と＋14それぞれから母平均8を引き、それらを母標準偏差3で割り算する。

＋2→標準化→（2－8）÷3＝－2

＋14→標準化→（14－8）÷3＝＋2

この変換によって、これは、

「標準正規母集団から、－2以上＋2以下の標本が観測される確率」

と同じであることがわかる。

これが0.9544であることは、134ページで述べた。このような確率は、標準正規分布の数表（たいていの統計学の教科書の付録になっている）をひもとくか、エクセルなどの表計算ソフトを使えば求めることができる。

■標準偏差の２倍に注目する理由

86ページで、データの「特別さ」は、「標準化したときの値が２以上または－２以下」で判断できることを解説した。

正規母集団を想定しているときは、このことはより強く正当化される。

正規母集団からの標本を標準化する（母平均を引いて母標準偏差で割る）と、それは標準正規母集団から観測された数値だと見なせるようになる。

ところで、いま説明したように、標準正規分布において２以上または－２以下の数値が観測される確率は約4.6パーセントである。これは、標準正規母集団を表す福引き箱には、２以上または－２以下の数値を描いた球は約4.6パーセントしか詰まっていない、ということだ。

したがって、**「標準化したときの値が２以上または－２以下」**であるような標本を観測することは、**「起きる確率が4.6パーセント程度のごく稀な出来事だ」**と見なすことができるのである。これが、これらの観測値を「特別」と見る根拠である。

ちなみに、正規母集団でない母集団の場合でも、近似的にこの基準を用いる。それが86ページで述べた判断基準にほかならない。

母分散と母標準偏差の法則

最後に、次の章の解説で重要になる法則を紹介しておこう。次の章では、複数の福引き箱から球を取り出して、その数値を足したり、平均したりすることを行う。その準備のための法則だ。

ここでは、次のようなことを考えたい。

Aという福引き箱がある。この福引き箱の球をすべて取り出して、書いてある数を全部半分にして、箱に戻してできる福引き箱をBとする。福引き箱Aと福引き箱Bの母平均、母分散、母標準偏差はどういう関係になるだろうか。

答えを先に言ってしまうと、**Bの母平均はAのそれの半分になる。Bの母分散はAのそれの４分の１となる。Bの母標準偏差は、Aのそれの半分になる。**これを一般化したものが以下の法則だ。

母集団の定数倍法則

母集団Aの福引き箱に詰まっている球の数値すべてをnで割って、母集団Bの福引き箱をつくる。このとき、

[母集団Bの母平均]＝[母集団Aの母平均]÷n
[母集団Bの母分散]＝[母集団Aの母分散]÷n^2
[母集団Bの母標準偏差]＝[母集団Aの母標準偏差]÷n

たとえば、母集団Aの母平均が10で、母標準偏差が６だったとしよう。これは、母集団Aの福引き箱に詰まっている球の数値の平均値が10で、標準偏差が６である、ということだ。

ちなみに、母分散は母標準偏差の２乗になるから、球の数値の分散は**６×６＝36**となっている。このとき、母集団Aの福引き箱の数値をすべて半分にした福引き箱が表す母集団をBとしよう。

母平均は、**[球の数値]×[その球の比率]**の合計、で計算されるから、[球の数値]がすべて２分の１になれば（球の比率は同じままなので)、母平均も２分の１になる。つまり、母集団Bの母平均は、10÷２＝５となる。

次に、偏差は球の数値から平均値を引いた数値だから、数値も平均も２分の１になったことから、偏差は２分の１となる。すると、偏差の２乗は$2^2=4$から、すべて４分の１となる。

これより、母分散は、**[偏差の２乗]×[その比率]**の合計、で計算されることから、母分散は４分の１、すなわち、36÷４＝９となる。最後に、母標準偏差は母分散のルートだから、$\sqrt{36\div 4}=\sqrt{36}\div\sqrt{4}$となる。$\sqrt{36}$がAの母標準偏差を表し、$\sqrt{4}=2$だから、Bの母標準偏差も６÷２＝３と元の２分の１となる。

この法則を用いた計算は、第３章を参照してほしい。

3章

仮説検定
～データから仮説の成否を判断する～

ドドドドド
STORY 3
商店街最大のピンチ
……
ウィーン
カン
カン
ヤン

まさか本当に
やってしまうとは
商店会会長の前で
あれだけ大見得を切ったんだ…
もう後には引けないぞ…
しかも…
まさか喜ばれる
とはね…
ヤン
ヤン
ヤン
ドドド
ウィ～ン
……

ジェイン・ジェイコブズも
証明しているように
区画整理は商店街の魅力を
下げるものでした

今のままでは
ジリ貧です
思い切って
商店街を再デザイン
させてください
…あっぱれだ
えっ？
若いメンバーが
何とかしようと
がんばるなんて
これまでなかった
商店会会長
チャレンジ
結構！
商店街で
積み立てている
修繕費も全部
使ってしまえ！
商店会
副会長
えぇ!?
ここで勝負せんかったら
未来がないだろ！ガハハハ
ハハハハハハハ
キッ

まさかあそこまで
喜ばれるとは…
めっちゃ期待してたし…
これで成果がでなかったら…
ウィ〜ン
か…
考えるのは…
やめよう
ドドド
カン
カン
カン
1ヶ月後
ミニー商店街
おぉ！
思ったよりいい感じに
なったんじゃないか
かくれんぼ通り

うん
道は入り組んでるし
TAQUERIA
tacos
MENU
カラオケ
ケ
新しいものと
古いものも
ちゃんと共存している
めぐろうミニー商店街
うどん

ミニー商店街
からあげ
たこやき
ば
でもまじで商店街の予算を使いきったな
やるしかないわね
なんだコレー
へんなのーー!!

どうした？
おいおいっ！
大変だ!!
ホントか！
テレビ局が
新しくなった商店街の
取材をしたいって
最近の再開発事業で
この街の
ブランド価値も
上がっていて
注目されて
いるらしい
よしこれで人も
戻ってくるぞ！！
チャンス
じゃない

続いては
特集です
町の活性化なるか！？
ミニー商店街の
改革を追いました
特集　ミニー商店街

ミニー商店街
わいわい
ガヤガヤ

1ヶ月後

……
ゴロ　ゴロ
地区公民館

どうだ…
客は増えたか？
確かに
増えたよ…
ただ…

…思った以上では
なかった…
「期待はずれだ！
もっと思い切って
やらんかい!!!」
シアアアア
会長も
怒っていたよ

もっと爆発的に
人が増えると
信じてたのになぁ…
どさっ
……
はぁ～…

数沢さん
どうしてもっと人が
増えないんですか？
ポリ
ポリ
なんだい
ここはご近所の
集会所じゃ
ないんだぞ

……
そんなこと私に
わかるわけがない
プイ

あなたに言われて
区画整理
したんですよ
ボソ…
ピクッ
私に言われて
だと…
自分たちで
結論を出して
自分たちで
判断したんだろ
君たちが自分で
集めた数字で
仮説を立てて
そ…
それは
そうだけど…

推測統計だろうな
一定の結論が出ました
この後はどうすれば
いいんですか？
え…
どういうこと？
なぜ人が思ったよりも
増えなかったのか
片っ端から原因の
仮説を立てて
それが偶然か必然なのかを
明確にすればいい
その場合
２つの可能性がある
たとえば
A県とB県の平均寿命を比べて
A県のほうが長かったとする
例
80.88
77.28
A県
B県

第二は
「A県には長生きになる
何かの秘密がある」
必然
そのどちらであるかを
推測するために
確率を導入するんだ
第一は
「単なる偶然の結果」
偶然
そんなことが
できるんですね
な…なるほど

これから
最高の麹からつくった
秘密の素で
料理をするんだ
さぁもう
帰ってくれ
え…それって
うちのホコリで
つくった
やつですか？
ぐいぐい
当然だ
ダメに決まっているだろ
私だけの楽しみなんだ
わ…私も
食べて
みたいなぁ…
キラ
キラ
冗談じゃない
え…だったら
オレも…
キラ
キラ

今回だけ特別だからな
はじめて人に食べさせるぞ
お前が強引なだけだ
なんだかんだ言っても
数沢さんって
優しいですよね♪
うまそ〜!!
んぐ
んぐ
…んぐ!!
あ〜ん
いただきま〜す
す…すごい こんなに
おいしくなるなんて…
おいしい！
わぁ

…実はまだ
あるんだ
くくく……
おおっ！
すごーい！
おいしそう～！
そんなこと
考えも
しなかったな
何…？
伝える……？
どうやって？
世の中の人間は
麹の可能性を
まだ知らないんだ
うちのホコリから
こんなにおいしい料理が
生まれるなんてびっくり
くったく～
ジャー
だったら
伝えたらいいじゃ
ないですか
確かに…
研究者の人って
研究すること自体が
目的になっている
のかもしれないね
うーむ…

商店街が若い子に
人気がないのかもしれない
って仮説も違うようね
たしかに若い子たちも
集まっているしな
次の仮説も
間違ってるな
八七地区公民館
立地が悪い
わけでも
ないようだし…
なんなんだ…
期待するほどの人が
集まらない理由の
決定打がない…
……
ガッ!!
あぁ
わからん!
最近マンションが
たくさん立って
人口も増えてるのに…
どうして…もっと
増えないんだ
ちょっと
待って
え？

街の人口って
本当に増えてるの？
は？
それりゃ外を
見たらわかるだろ
あれだけ
新しいビルが
できているんだぞ
増えてるに
決まってる
じゃないか

それって思い込みかも
しれないじゃない
思い込み
って…
それは
ないだろう
だったら
調べたら
いいだろ
ハァ・・・
わかった
わよ
増えている
というのも
あくまでも仮説よ
だだっ
ダーッ!!
私調べてくる！
市民課
う…
ほら見ろ
区公民

調べるまでもないよ
増えてるに
決まっているだろ
……
…けどなんだろう
この違和感は…
三浦洋食店
三浦洋食
何やってるの？
早く寝たら？
うん
もう少ししたら
寝るから
あれ…
こ…これって…
翌日
ちょっとみんな
見てみて
なんだこれ？
区公民館

ここ数年の
街全体の
世帯収入の変化よ
パーセンテージ
度数
平均値
~100 ~500 ~1000 所得
10年前
パーセンテージ
度数
平均値
~100 ~500 ~1000 所得
現在
へぇ
平均で見ると
増えてるんだ
意外だ
それとイメージ調査の
資料も見つけたの
え…
イメージ調査？
この街のイメージが
世間にどううつって
いるのかってやつよ
すると
ビルが増えたことで
この街全体のイメージも
上がっていたわ
まぁ最近よく
テレビで
特集組まれたり
してるしね
オレたちも
その恩恵を受けたし
いいことじゃないか
それが
どうしたんだ？
けど
ちょっと待って
イメージが
上がって
人が増えるのは
いいことだけど
世帯平均収入が
増えることとは
イコールじゃ
ないはず
あ…
確かに
そこよ
どういうこと？

要するに
この街の
世帯収入の
平均値が
増えたのは
な…なるほど
元々いた世帯よりも
生活水準が高い人たち
ってこと
つまり新しく
入ってきた
世帯は
富裕層が
増えた
ってことか
オレたちとは
違うだろう
けどそれが
どうしたの？
どど〜ん
あんな
高いマンション
に住めるくらい
だからな
な…なるほど
だからその増えた
富裕層は私たちの
商店街で買い物なんて
しないから
商店街が
魅力的になっても
訪れないって
仮説が立てられる
んじゃないかな

これが昨日
出した答え
数沢さんに教わった
「差の検定」を使ったの
ペラッ…
うまくいっている商店街の
富裕層来店率をxとして
この商店街の
富裕層来店率をyとしたとき
x=yが成り立つか
どうかを
仮説検定すると…
ばン
仮説
x＝y
x－yは
0に近いはず
(a－b)－0 / 0.04 は
－1.96～＋1.96
に入るか？
－1.96≦(x－0)÷0.04≦＋1.96
－0.0784≦x≦＋0.0784
＊詳細は解説 196 ページ参照
うちの商店街には
うまくいっている
商店街ほど高所得者が
来ていないって
ことか？
えぇ
だめじゃん！
それじゃあ
あのビルの住人に
うちの商店街を
利用してもらうことは
難しいってことか…
実は…
それだけ
じゃないの

なんでだよ
土地の価値が上がれば家賃も上がるそうなればウチラの商売相手の学生や老人が住んでいられない
おぉ…やった！
つまり客が減るってことだろ！
イメージが上がって人が増えればいずれ
え…
ここらへんの土地の価値が上がる
実際少しずつ減っているデータもあったよな
そうなの
なんだって!!
けど…こんな現実知りたくなかった…
数字はウソをつかない…
そ…そんな…

でも…オレたちは
どうしたらいいんだよ…

そ…それは…
数沢さんに
聞いても…
意味ないよな…

どうしようもないのか…
八七地区公民館

三浦洋食店
三浦洋食店
……

ぱ
ちっ…

翌日
チュン
チュン

携帯も
置きっぱなし
じゃない
チュン
チュン

あれ晴香
どこ
行ったの？
店にもいない…

データから背後の母集団を予想する——推測統計入門

これまでの解説を踏まえて、いよいよ推測統計の解説に入ろう。

推測統計とは、**「標本を見て、どんな母集団か」を推測する技術**である。

そのためには、母集団に関する次のようなセッティングが必要である。

図28 ┃ 推測統計のセッティング

セッティング１ 母集団のタイプを決める

セッティング２ そのタイプの母集団を区別するためのパラメーターを導入する

■推測統計のセッティング

これではわかりにくいだろうから、例を挙げよう。

まず、「母集団のタイプ」を「コイン投げ」とセッティングしよう。これは、母集団が「１か０が観測される」ようなタイプのものである。１がコインのオモテに、０がウラに対応する**〔セッティング１〕**。

ここで、現実のコインを考えると、それは均整のとれたものとは限らないだろう。重心がど真ん中からずれているため、オモテが出やすい、とか、ウラが出やすい、ということがありうる。したがって、一般のコイン投げでは、１の観測される確率と０の観測される確率は0.5ずつではないかもしれない。

このとき、オモテの出る確率をpという変数で置けば、この変数pが**〔セッティング２〕**のパラメーターに当たるものとなる。パラメーターとは、日本語では「母数」と訳されるが、「パラメーター」のまま使われることのほうが多い。

要は、**パラメーターpの値をひとつ決めれば、コイン投げのタイプの中から母集団がひとつ選び出される**ということだ。

この例は、**「注目しているのはコイン投げのしくみをもった母集団で、オモテの出る確率pでそれぞれが区別され、pを動かすと母集団が変化していく」**設定ということである。p＝0.5なら正常なコイン投げの母集団、p＝0.53ならオモテの出やすいコイン投げの母集団、p＝0.45ならウラの出やすいコイン投げの母集団ということである。

この例で言えば、統計的推定とは、**「コイン投げを何回か観測し、その標本たち（１または０から成る数列）からパラメーターpの値を推測する」**方法である。

別の例を挙げよう。

この場合、観測している標本は正規母集団から出てきているものと想定する。それが〔セッティング１〕での「タイプ」に当たる。そして、その正規母集団の種類は、母平均μと母標準偏差σで決まる。それが〔セッティング２〕である。変数μと変数σがパラメーターと呼ばれるものだ。

このとき、統計的推定とは、**「正規母集団からの標本をいくつか観測し、その標本たちからパラメーターμまたはσ、あるいは両方を推測する」**方法である。

図29 ┃ 統計的推測のイメージ

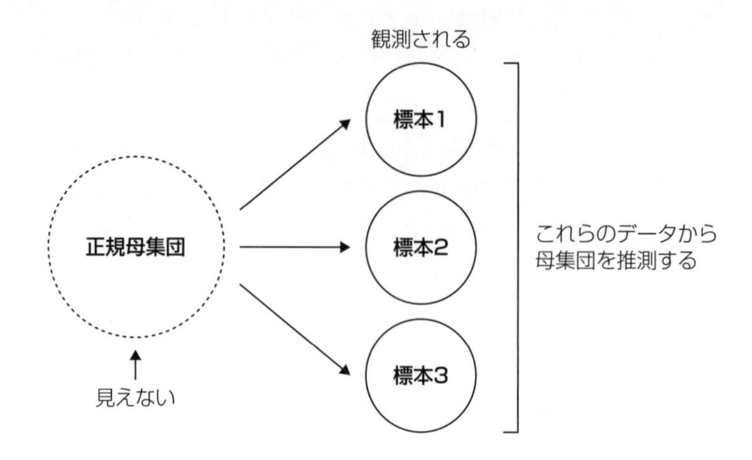

■統計的推測は身近なもの

抽象的に述べてきたが、これらは我々が普段行っている推測を形にしたものと言っていい。

たとえば、我々は機械を操作するとき、正常稼働（0に当たる）と故障（1に当たる）のデータを集めて、機械の故障確率（pに当たる）を見積もる。

また、たとえばマスコミでは、選挙の際に出口調査で調べた候補者Aの得票率（標本）から、全投票の中での得票率（pに当たる）を推測し、当確か否かを判断する。はたまた、たとえば国家機関は、十分な人数の日本男性の身長の標本から、日本男性全体の身長の平均値（μに当たる）と標準偏差（σに当たる）を見積もる。

これらはみな、統計的推定である。

統計的推測と 確率の順問題・逆問題

推測統計って結構身近なところで使われているんだ。でも、記述統計と推測統計と、ふたつもあるって面倒じゃないの？

たしかに、このふたつが全く別の方法論なら面倒くさい。でも、ふたつで用いられる統計量は共通だから、わかってしまえばそんなに面倒じゃないはずだ。

本書では、統計的推定のふたつの技術、**「仮説検定」**と**「区間推定」**を解説する。この第３章では仮説検定を、次の第４章では区間推定を説明する。

実は、どちらも同じ原理を用いるのだが、見かけは異なっている。

統計的推定を理解する上で注意しなければならないのは、**母集団と標本との関係が逆転する**ことである。

これまでは、母集団を固定して、そこから観測される標本の振る舞いについて考えてきた。

たとえば、母集団を母平均$\mu = 0$、母標準偏差$\sigma = 1$の標準正規母集団としよう。このとき、観測される標本（データ）をはっきりと言い当てることはもちろんできない。観測される標本は確率現象だから、不確実にさまざまな値をとるからだ。

つまりこれまでは、**「母集団がわかっていて、標本が未知のとき、標本についてどんなことが予言できるか」**を見てきたのである。

標準正規母集団の場合、観測される標本は未知だけれど、その傾向性については予言することができる。

実際、「観測される標本は、だいたい0の近辺であろう」という言及は正しい。もう少し正確性をもたせたいなら、「－1以上＋1以下の標本が観測される確率は約0.68」とまでは言及することができる。

このように確率現象について言及しようとすることを**「確率の順問題」**と呼ぶことにする。

統計的推定では、推論の向きがこれと逆になるのがポイントだ。

標本はすでに観測済みで、未知なのは母集団（のパラメーター）である。

たとえば、ある国の女性3人の身長を観測し、標本とする。その3つの標本の値から、その国の女性全体の身長の母集団について推論するのである。

以下これを**「確率の逆問題」**と呼ぶことにしよう。

【図30】はコイン投げのタイプにおける確率の順問題と逆問題の違いを図解したものである。

図30 確率の順問題と逆問題の違い

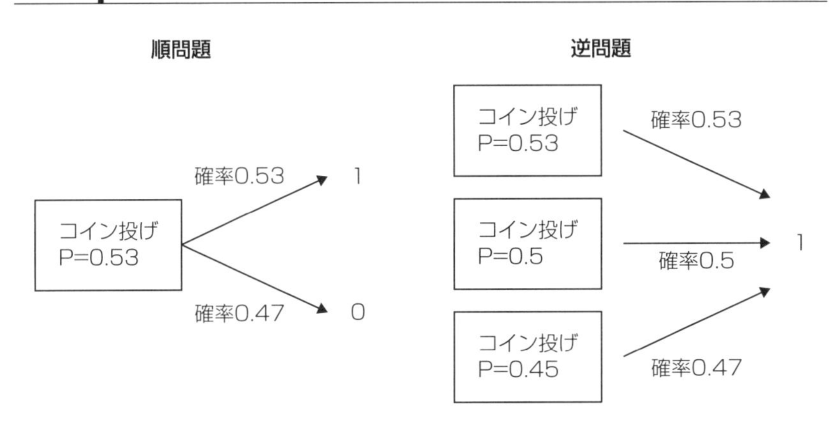

■仮説検定の極意

本章で扱う推測統計の技術である仮説検定の原理は、次のようにまとめられる

図31 仮説検定の原理

ステップ１ 母集団のパラメーターについての仮説を立てる

↓

ステップ２ 仮説の母集団に対し、観測される標本について、高確率で当たる予言をつくる

↓

ステップ３ その予言が現実に観測された標本に当てはまらないなら仮説を捨てる
当てはまるなら仮説を保持しておく

これは抽象的であるため、卑近なたとえ話でイメージしてほしい。

たとえば、外出先で自宅のカギがないことに気がついたとしよう。その際、「家に忘れてきた」という仮説を立てるとする〔**ステップ１**〕。そして、「家に忘れてきた」という仮説が正しいならば、「カギは玄関に置いてあることがほぼ確実」だとしよう〔**ステップ２**〕。このとき、家に電話して、玄関にカギがあるか見てもらうだろう。カギがそこになければ、「家に忘れてきた」という仮説は捨てることになる〔**ステップ3**〕。

これをきちんと母集団のしくみから実行するのが仮説検定なのである。

■確率の逆問題を順問題に直す

この原理が統計的推定の「極意」になるのは、先ほど説明した「逆問題」を「順問題」に直すことが可能となっているからである。

なぜならば、**仮説を設定することは、母集団をひとつに固定することであり、それによって確率の順方向の議論が可能となる**からなのだ。

以下では具体例をもとに説明していく。

正規母集団の母平均の仮説検定

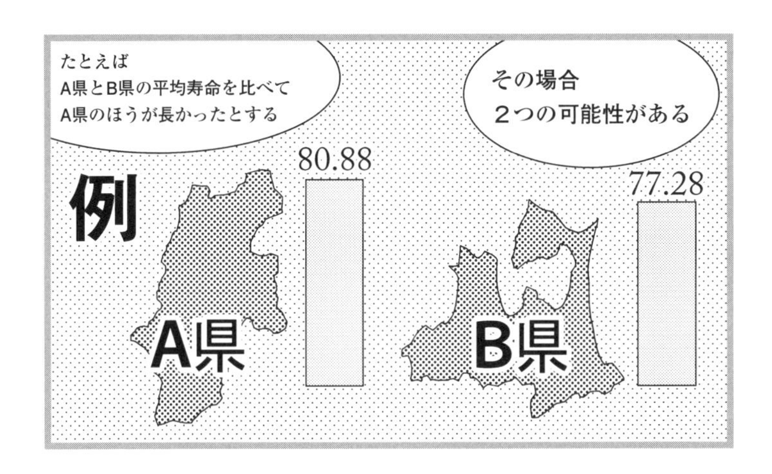

簡単な仮説検定の例を示そう。次のCaseを考えてほしい。

〔Case１〕おにぎり製造機は正常か？

あなたはコンビニにおにぎりを配給する会社の社長である。

おにぎりは機械で製造し、110グラムが平均になるようにしている。しかし、最近、「おにぎり製造機の調整がずれて、110グラムが平均ではなくなっているかもしれない」という疑惑をもっていた。そこで、つくられたおにぎりの１個をでたらめに取り出して、重さを測ってみると、それは115グラムであった。

あなたは経験的に、どんな調整状態においても、おにぎり製造機のつくるおにぎりの重さの標準偏差が２グラムであると知っている。

さて、おにぎり製造機を正常な調整状態だと判定すべきだろうか？

〔Case 1〕は次のようにまとめられる。

おにぎり製造機は110グラムのおにぎりを製造するように調整されているが、もちろん、機械と言えどもいつもぴったり110グラムにつくれるわけではない。少し重かったり、少し軽かったりする。だから、平均として110グラムになるように調整されているのである。

さて、1個のおにぎりの重さを実際に測ったら、115グラムだった。110グラムより5グラム重いが、これは「偶然の揺らぎの範囲内」と言えるのだろうか。それとも、110グラムという平均値自体がずれてしまったことによる「必然的な数値」なのだろうか。

仮説検定とは、このような**「偶然か、必然か」を決める方法論**なのである。

この問題設定は、先ほど解説した**「逆問題」**になっていることに注意しよう。**未知なのは、母集団のほうである。**

正規母集団という「タイプ」はわかっているが、その母平均μが未知なのだ。一方、標本は115グラムと観測されている。

仮説検定では、〔ステップ1、2、3〕の手順で「逆問題」を「順問題」に直す。

〔ステップ1〕

おにぎり製造機のつくるおにぎりの重さが、母平均μ、母標準偏差2の正規母集団であり、母平均μが110であるという仮説を立てる。

〔ステップ2〕

仮説が正しいとすれば、観測されるおにぎりの重さは、母平均110、母標準偏差2の正規母集団からの標本となる。したがって、重さの範囲を、**95パーセントの高確率で当たるように予言する**ことができる。

〔ステップ３〕
　ステップ２の予言の範囲に、標本の115グラムが入っていない場合、仮説を棄却する。入っている場合は仮説を棄却しない。
　ちなみに、「棄却」とは「捨てる」ということの専門用語で、日本では裁判で主に用いられる。

　これを読めばわかるように、「母平均$\mu=110$」という仮説を立てたからこそ、観測される標本がどんな範囲の数値かに言及することができるようになっている。つまり、**仮説を立て母集団を固定したことによって、確率の逆問題が順問題に直される**わけなのである。

■５パーセントの確率～有意水準～

　ここで、**「棄却する確率５パーセント」**のことを専門用語で**「有意水準」**という。**「仮説が正しい下で、５パーセント以下の確率でしか起きないことは、稀なことであり、ふつうではない」**と判断する指標である。この場合、「仮説を棄却する」のである。
　逆に言うと、**「仮説が正しい下で、95パーセントの確率で起きることは、あっても良いふつうなこと」**と判断する。
「有意」とは「起きたことが、意味をもつ」、すなわち、「偶然ではない」ということを表現する言葉なのだ。
　ここで、５パーセントという数値に何か科学的な根拠があるわけではない。「かなり鉄板な数値」として、とりあえず５パーセントと決めているに過ぎない。実際、もっと厳しい基準にしたい場合には、１パーセントが用いられることもある。

■おにぎりの仮説検定を解いてみよう

　それでは、以上の３ステップにそって、おにぎりの仮説検定を実行してみよう。ポイントになるのは、139ページで解説した正規母集団の標準化のテクニックだ。

母平均μ、母標準偏差σの母集団からの標本xは、標準化の計算、すなわち、

[標本－母平均]÷[母標準偏差]＝$(x-\mu)\div\sigma$

を計算すれば、標準正規母集団の数値に加工できることを思い出してほしい。

さて、今、**〔ステップ1〕**で母集団が母平均$\mu=110$、母標準偏差$\sigma=2$の正規分布と仮定した。

〔ステップ2〕では、これをもとに、観測される標本の範囲を、それが95パーセントの確率になるように予言する。

標準正規母集団から観測される標本の範囲を95パーセントの確率にするには、次のように設定すればいい。

標準正規母集団の95パーセントの範囲

標準正規母集団から観測される標本が**－1.96以上＋1.96以下**である確率は0.95

第2章の解説の134ページで、**「標準正規母集団の福引き箱に詰まっている球の－2から＋2までの数値は、全体の95.44パーセントを占めている」**と述べたことを思い出そう。

95.44パーセントを95パーセントに縮めるには、範囲「－2以上2以下」を少し縮める必要がある。そして、範囲「－1.96以上＋1.96以下」にまで縮めれば95パーセントになるのである。この「1.96」は、推測統計にとって重要な数値なので、記憶に刻んでおくことをお勧めする。

この数値を使って、おにぎりの問題を解くこととしよう。

〔ステップ1〕で、母集団を母平均$\mu=110$と仮定した。一方、母標準偏差$\sigma=2$は知識として与えられている。この仮定によって、母集団が特定され

たので、〔**ステップ２**〕において、観測される標本を95パーセントの確率で予言することができるようになる。

95パーセントの確率で観測されうる数値をxと置けば、「xの標準化」は標準正規分布に従うので、先ほどの－1.96以上＋1.96以下の数値となるはずである。

これを不等式に仕立てれば、

－1.96≦（xの標準化）≦＋1.96

となる。

したがって、標準化を式に直せば、

－1.96≦（x－110）÷２≦＋1.96

と書ける。

３つの辺に２を掛ける。

$-1.96\times 2 \leqq (x-110) \div 2 \times 2 \leqq +1.96\times 2$

真ん中の辺は、２で割って２を掛けているので、打ち消し合っている。

$-3.92 \leqq x-110 \leqq +3.92$

３つの辺に110を加えよう。

$110-3.92 \leqq x-110+110 \leqq 110+3.92$

真ん中の辺では、110を引いて110を足しているので、打ち消し合って、

106.08≦x≦113.92

となる。

この計算で次のことがわかる。

「仮定している母平均110、母標準偏差２の母集団から標本を観測すると、106.08≦x≦113.92を満たすxである確率が95パーセントである」

以上で〔**ステップ２**〕の作業が完了したため、ステップ３に移ることとしよう。

あなたは、実際に１個のおにぎりの重さを観測していた。その標本は115グラムだ。これをこのxの範囲と比べてみよう。観測される標本xは95パーセントという高確率で、

$106.08 \leqq x \leqq 113.92$

を満たすはずだ。

しかし、現実に観測された標本は115だから、この範囲に入っていない。こうなった原因について、ふたつの可能性が考えられる。

〔原因１〕仮説が間違っているから、観測値が予言に当てはまらない
〔原因２〕仮説は正しいのだが、観測された標本が、運悪く、５パーセントでしか観測されない稀な数値となってしまった

仮説検定では、ふたつのうち、**〔原因１〕**のほうを採用する。

つまり、**「仮説は誤りとして、棄却する」**のである。これが、仮説検定の最も重要な発想法である。

説明が長くなったので、解答を簡潔にまとめよう。

〔ステップ１〕

母平均$\mu=110$を仮説として設定する。母集団は、母平均$\mu=110$、母標準偏差$\sigma=2$の正規母集団となる。

〔ステップ２〕

95パーセントの確率で観測される標本xの範囲を求める。

標準化した上での不等式

$-1.96 \leqq (x-110) \div 2 \leqq +1.96$

を解いて、

$106.08 \leqq x \leqq 113.92$

〔ステップ３〕

観測した標本115が、〔ステップ２〕の不等式の範囲に入らないので、**仮説は棄却される。**すなわち、おにぎり製造機のつくるおにぎりの重さの平均値は110グラムからずれてしまっている、と結論される。

■「5パーセント」が意味するもの

 偶然か必然かなんて、本当に計算できるの？

 たとえば、マジシャンが君にジョーカーのないトランプを１組渡して、選んだカードを裏向きにテーブルに置かせるとするだろ。マジシャンが、そのカードのマークが黒か赤か当てるとすると、20回やってどのくらい当たるのが自然だと思う？

 赤か黒かは五分五分だから、20回やるなら10回くらい当たるかな。

 そう、ちょうど半分、10回当たれば疑問はないよね。じゃあ、11回とか９回だったら？

 それも自然だわ。いくら確率50パーセントだからと言って、ぴったり半分起きるわけじゃないから、その程度なら問題ないと思う。

 じゃあ、20回全部当たったら？

 それは奇跡すぎる。そのマジシャンは超能力者、ってことになるんじゃない？

統計学では、超能力みたいなことは考えないのさ。20回全部当たる確率は、おおよそ百万分の一だ。そんなことが偶然起きるとは考えられない。そういうとき、統計学では、「何かの必然性がある」と判断する。つまり、そのマジシャンが何かのトリックを使って当てている、ということ。カードの裏を見ればマークがわかるなど何か仕掛けがあると判断するんだ。

20回は極端だけど、14回とか15回とか当てた場合はどう判断すればいいの？

そう、中途半端な場合は判断が難しい。さじ加減になってしまう。だから、統計学では、はっきり基準を決めているんだ。それは、95パーセントの範囲内の確率だったら偶然と見なす。5パーセント未満の確率でしか起きないことが起きたら、それは偶然ではなく、「何か原因がある」と考える。

5パーセントが絶対なの？

絶対ではない。よく使われる基準に過ぎない。警戒心が強いなら、10パーセントに設定したほうがいい。でも、そうすると偶然起きたことを必然と決めやすくなってしまう。逆に、確信を強くしたいなら、もっと厳しく1パーセントに設定すべきだ。実際、統計学では1パーセントを基準とする場合もあるんだ。でも、そうすると、必然で起きていることを偶然だとして見逃しやすくなる。一長一短ということだね。

結局は目的次第ってことなのね。間違ったときの責任は基準を決めた人がとらなきゃならないのね。

ここまでに登場した「5パーセント」という数値を「有意水準」と呼ぶことは、すでに述べた。

仮説検定における有意水準とは、**「この確率での観測値の範囲内に入らなかったら、偶然ではなく必然と判断する」**という基準である。今の例で言えば、仮説が正しいもとで、106.08グラムから113.92グラムまでのおにぎりができた場合には「偶然の範囲内」と認めるが、この範囲からはみ出した場合は「仮説が間違っている、という必然から来た数値」と判断する、ということだ。

もちろん、「仮説を棄却した」場合に、**「〔原因２〕仮説は正しいのだが、観測された標本が、運悪く、５パーセントでしか観測されない稀な数値となってしまった」**が真実だった、という不運もありうる。わずかとは言え、５パーセントの確率だから、起きうることである。

そのとき仮説検定は、「仮説が正しいにもかかわらず、棄却してしまう」という誤りをおかすことになる。

つまり、おにぎり製造機の問題に、この仮説検定を用い続ける限り、**100回に５回程度は誤りをおかす**、ということなのである。

しかし、このような「確率の逆問題」で「絶対正しい判断」を期待するのは無理な注文だ。だから、**100回やって95回は正しい判断を下せる方法ならそれでよしとしよう**、というのが統計学の立場なのである。

複数の標本を使って仮説検定をするには？

ちょっと待って！　さっきの〔Case 1〕だけど、おにぎりたった1個の重さを調べただけで「おにぎり製造機のつくるおにぎりの重さの平均値は110グラムからずれてしまっている」と結論づけていいわけ？　ふつう、1個だけじゃなくて、もう少し調べるんじゃないの？

めずらしく良い質問をするね。全くその通りで、常識で考えれば、社長はもっとたくさんの標本をとるだろう。そして、そうしたほうが、推定が正確になることは経験として知っている。たとえば体温を測るとき、一回より数回測って平均値をとったほうがより実際に近い数値が得られる。

複数の標本を使う場合は、すごく難しくなるの？

少し準備がいる。確率の法則を勉強しなければならない。でも、一度わかってしまえば、法則を覚えるのはそんなに大変じゃないから、がんばってみる価値はあるよ。

〔Case 1〕で、解説したおにぎり製造機の問題設定には、少し不自然なところがある。それは、機械の調整を疑う社長が1個しかおにぎりの重さを検査しなかったことだ。ふつうなら、複数のおにぎりの重さを測って、その平均値を出してみることだろう。

このように、複数の標本を観測して、それらの平均値を計算したものを**「標本平均」**と呼ぶ。母平均とは異なる数値だから注意が必要だ。

母平均とは、母集団全体の平均値を意味する。それに対して、標本平均とは**観測されたいくつかの標本の平均値**である。

福引き箱のたとえで言えば、「母平均」とは、「福引き箱に詰まった球すべての数値の平均値」、「標本平均」とは、「福引き箱から取り出したいくつかの球の数値の平均値」のことである【図32】。

図32 ▍母平均と標本平均

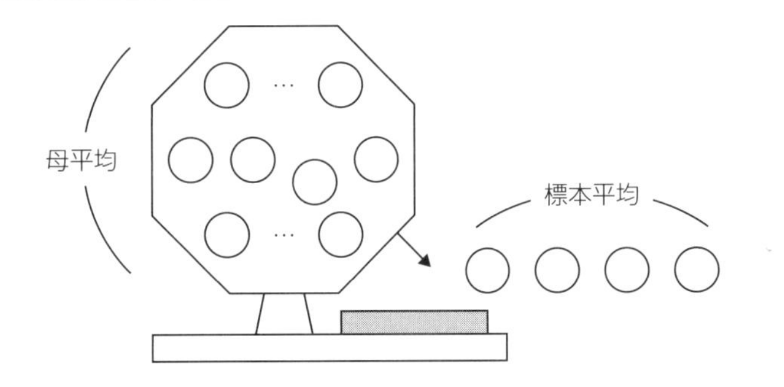

標本平均を調べるべき理由は、ざっくり言えば、次のようにまとめられる。

* **複数の標本をランダムに取り出して、その標本平均を計算すると、それは１個の標本を見るより、母平均に近い数値になる**
* （もう少し詳しく言えば、）**１個の標本を観測するときの揺らぎ**（それは当然、母標準偏差と同じ）**よりも、複数の標本を観測するときの揺らぎのほうが小さくなる**

次節から具体的に解説していこう。

■福引き箱の混合する

母集団からn個の標本を観測し、その標本平均を計算したとしよう。

観測したのが２個で、標本がaとbなら、

［標本平均］＝(a＋b)÷２

となる。

また、観測したのが標本が３個で、それがaとbとcなら、

［標本平均］＝(a＋b＋c)÷３

となる。

知りたいのは、**正規母集団からn個の標本を観測し、標本平均を計算した場合、それについてどんな予言ができるか、どんな確率法則をもっているか**、ということである。

標本平均の確率法則を考える上で、まず、**「ふたつの福引き箱を混合して、ひとつの福引き箱をつくり出す」**ことをイメージしてほしい。

母集団Aと母集団Bがあるとき、母集団Aから標本aを観測し、母集団Bから標本bを観測する。そして、それらの標本の足し算a＋bを計算すること。それは、次のような作業と同じものと考えることができる。

「母集団Aの福引き箱と母集団Bの福引き箱が与えられたとき、新しい福引き箱Cを用意する。その上で、福引き箱Aの球と福引き箱Bの球とを全部取り出し、Aからの１個とBからの１個とで、総当たりのペアをつくっていく。

Aからの数値aの球とBからの数値bの球を組んだペアに対し、a＋bを計算し、新しい球にこの数値を記入し、福引き箱Cに詰める。以下、この作業を（無限回）くり返して、全ペアについて済んだら、作業を終了する【図33】」

図33 ▍標本平均のイメージ

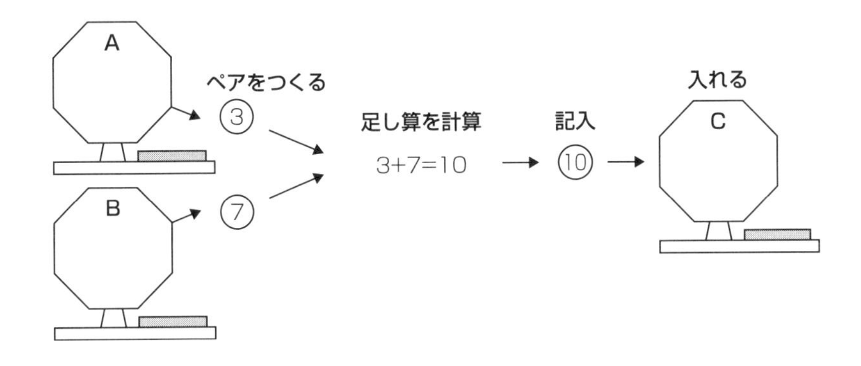

正規分布では、この作業を具体的に見ていくことが困難なので、コイン投げの例を考えることとしよう。

図34 ▍コイン投げの標本平均のイメージ

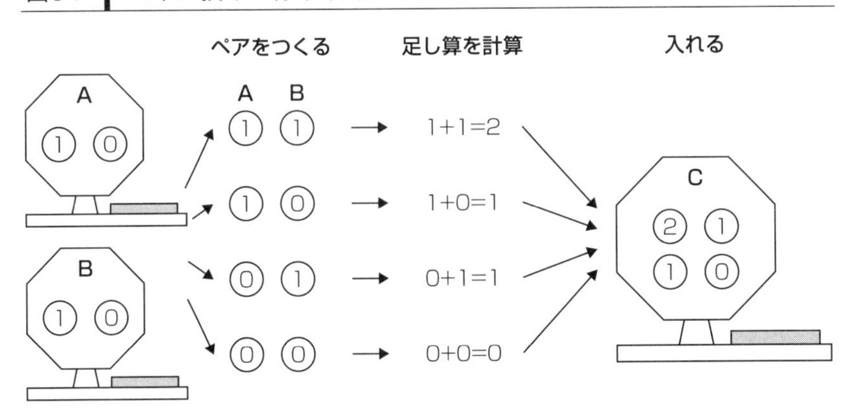

コイン投げでの福引き箱には、１の球と０の球が半分ずつ詰まっていることを思い出そう（120ページ参照）。

このようなコイン投げの福引き箱をふたつ（AとB）用意する。AとBの球の総当たりのペアは、【図34】のように、４通りが均等につくられる。すなわち、１と１、１と０、０と１、０と０である。これらを足し合わせると、順に、２、１、１、０となる。

この標本平均を球に記入して、福引き箱Cに詰めると、福引き箱Cの中身は、2が全体の4分の1を占め、1が全体の2分の1を占め、0が全体の4分の1を占める。したがって、コイン投げの母集団から2個の標本を観測し、その足し算を求めることは、福引き箱Cから1個の標本を観測することと同じである。

つまり、2が観測される確率と0が観測される確率はともに0.25で、1が観測される確率は0.5となる、ということである。

図35 | 確率分布図による比較

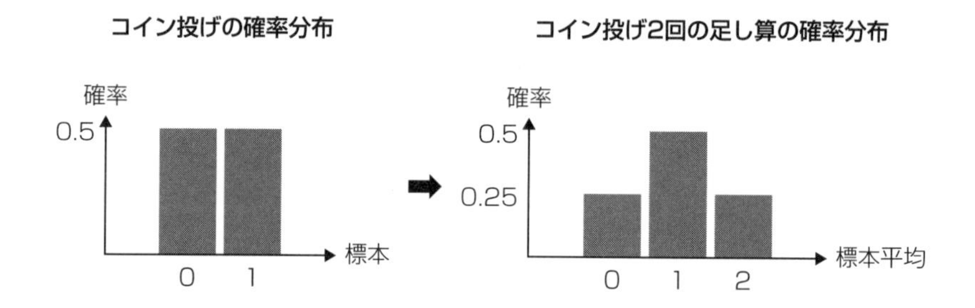

正規母集団の混合法則

福引き箱の混合のイメージを使って、正規母集団からの標本の標本平均の確率法則を解説しよう。

正規母集団の混合法則

正規母集団Aから標本aを観測し、正規母集団Bから標本bを観測し、和a＋bを計算するとき、以下の3つが成り立つ。

(i) この作業は、別の正規母集団Cからの1個の標本の観測と同一視できる

(ii) (Cの母平均)は、**(Aの母平均)＋(Bの母平均)**と一致する

(iii) (Cの母分散)は、**(Aの母分散)＋(Bの母分散)**と一致する

厳密に言えば、(ii)（iii）は正規母集団に限らず、どんな母集団でも成り立つ法則であり、(i) だけが正規母集団に固有の法則である（本書では、正規母集団しか扱わないのでまとめて扱っている)。

この法則は、本書ではきちんと証明はしないが、気になる人は確率論の教科書を見てほしい。

なお、(i) は驚異的な法則と言える。「ふたつの福引き箱の球を総当たりで加えて、球に記入し、新しい福引き箱に詰める」という操作をしたにもかかわらず、できた福引き箱も正規母集団となるのだ。これは、正規母集団というのが、数学的にきわめてよくできた集団であることの証しだと言っていい。

(ii) と (iii) は、福引き箱の混合という操作において、平均値は元のふたつの平均値の和となり、分散も元のふたつの分散の和になる、ということを述べている。

平均については、「まあ、そうかな」という気がするが、分散については不思議に感じるのではないか。分散には２乗計算が関わっているのに、単に足せばいいというのは意外かもしれない。

ちなみに、「分散」をわざわざ統計学の指標としているのは、この見事な法則があるからなのだ。

■標本平均の確率法則

正規母集団の混合法則を用いて、標本平均の確率法則を導こう。

母平均 μ が10、母標準偏差 σ が６の正規母集団（母分散は$6^2=36$）から、２個の標本x、yを観測し、

［標本平均］＝(x＋y)÷２

を計算するとしよう。

この数値に対して、何が予言できるだろうか。

まず、この母集団の福引き箱をふたつ用意し、それをAとBとする。次に、このAとBを混合した福引き箱をCとする。

このとき、x＋yの数値は、福引き箱Aからxを福引き箱Bからyを取り出して、それを加えたものと見なせるから、福引き箱Cから１個の標本を観測するのと同一視できる。

ここで、前節の正規母集団の混合法則から、福引き箱Cは正規母集団となっていて、

Cの母平均＝[Aの母平均]＋[Bの母平均]＝10＋10＝20

Cの母分散＝[Aの母分散]＋[Bの母分散]＝36＋36＝72

となることがわかる。

さらには、[標本平均]＝(x＋y)÷２を計算することは、福引き箱Cの球の数値をすべて半分にした福引き箱Dからの１個の標本を観測することと同一視できる。したがって、143ページで解説した、**「母集団の定数倍法則」**から、

[母集団Dの母平均]＝[母集団Cの母平均]÷２＝(10＋10)÷２＝10

[母集団Dの母分散]＝[母集団Cの母分散]$\div 2^2$＝(36＋36)$\div 2^2$

＝(36×２)$\div 2^2$＝36÷２

[母集団Dの母標準偏差]＝　＝$\sqrt{36 \div 2} = \sqrt{36} \div \sqrt{2} = 6 \div \sqrt{2}$

となる。

つまり、母平均10、母標準偏差６の正規母集団から２個の標本x、yを観測して、その標本平均(x＋y)÷２を計算するとき、それは**母平均10、母標準偏差$\frac{6}{\sqrt{2}}$の正規母集団から１個の標本を観測することと同じ**、と見なすことができる（$\sqrt{2}$はルート２で、約1.4だが、ここでは気にしなくてよい）。

ここで、母平均は元の母平均と一致し、**母標準偏差は元の母標準偏差を$\sqrt{2}$で割ったもの**であることに注目しよう。

以上を一般化しておくと便利だ。法則として理解してほしい。

正規母集団からの標本平均の確率法則

＊母平均μ、母標準偏差σの正規母集団（母分散はσ^2）から、２個の標本x、yを観測し、

[標本平均]＝(x＋y)÷２

を計算することは、**母平均μ、母標準偏差$\sigma \div \sqrt{2}$の正規母集団から１個の標本を観測する**ことと同一視できる

＊母平均μ、母標準偏差σの正規母集団（母分散はσ^2）から、n個の標本を観測し、その標本平均を計算することは、**母平均μ、母標準偏差$\sigma \div \sqrt{n}$の正規母集団から１個の標本を観測する**ことと同一視できる

図36　正規母集団からの標本平均の確率法則

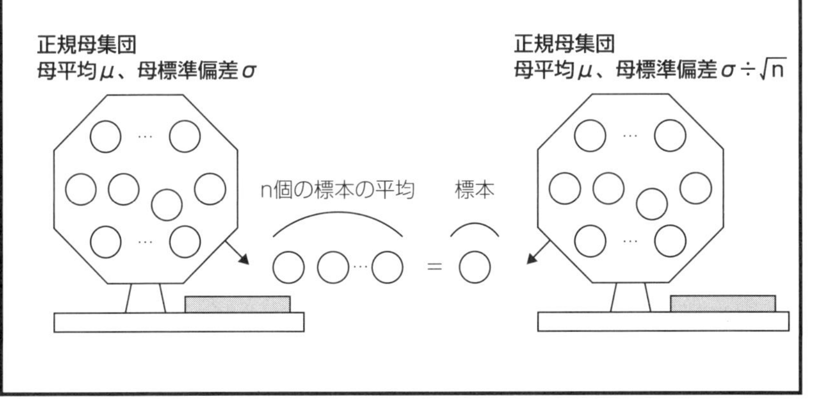

複数の標本からの仮説検定

準備が整ったので、おにぎり製造機の仮説検定について、複数のおにぎりの標本から行う問題を解いてみよう。Case 2である。

〔Case 2〕おにぎり製造機は正常か？②

あなたはコンビニにおにぎりを配給する会社の社長であるとする。

おにぎりは機械で製造し、110グラムが平均になるようにしている。しかし、最近、「おにぎり製造機の調整がずれて、110グラムが平均ではなくなっているかもしれない」という疑問をもっていた。そこで、つくられたおにぎり16個をでたらめに取り出して、重さを測ってみた。それらは、112、109、111.2、…、108.7であり、その標本平均は111.5グラムであった。

あなたは経験的に、どんな調整状態においても、おにぎり製造機のつくるおにぎりの重さの標準偏差が２グラムであると知っている。

さて、おにぎり製造機を正常な調整状態だと判定すべきだろうか？

問題を解く前に注目してほしいのは、観測した16個の標本の標本平均が111.5グラムと、110グラムにきわめて近いことである。

統計学の知識がないと「偶然の揺らぎの範囲内」と即断してしまいそうだが、果たしてそうだろうか？

まず、解答のプロセスを再確認しよう。

〔ステップ１〕

おにぎり製造機のつくるおにぎりの重さが、母平均μ、母標準偏差２の正規母集団であるとし、母平均μが110であるという仮説を立てる。

〔ステップ２〕

仮説が正しいとすれば、16個のおにぎりの標本平均は、母平均110、母標準偏差２の正規母集団から16個の標本を観測して計算するときの標本平均の確率法則に従う。したがって、標本平均の範囲を、95パーセントの高確率で当たるように予言することができる。

〔ステップ３〕

〔ステップ２〕の予言の範囲に、観測された標本平均の111.5グラムが入っていない場合、仮説を棄却する。入っている場合は仮説を棄却しない。

このプロセスにそって、問題を解こう。

〔ステップ１〕

母平均$\mu=110$を仮説とする。

母集団は、**母平均$\mu=110$、母標準偏差$\sigma=2$の正規母集団**となる。

〔ステップ２〕

母平均$\mu=110$、母標準偏差$\sigma=2$の正規母集団から16個の標本を観測し、その標本平均を計算するとき、数値は正規母集団からの標本平均の確率法則に従う。この標本平均を計算することは、**母平均110、母標準偏差2÷$\sqrt{16}$の正規母集団から1個の標本を観測することと同一視**できる。

ここで、

母標準偏差＝2÷$\sqrt{16}$＝2÷4＝0.5

これから、95パーセントの確率で観測される標本平均xの範囲を求める。標準化した上での不等式

$-1.96 \leqq (x-110) \div 0.5 \leqq +1.96$

3つの辺に0.5を掛けて、

$-0.98 \leqq x-110 \leqq +0.98$

3つの辺に110を加えて、

$109.02 \leqq x \leqq 110.98$

〔ステップ3〕

観測した標本平均111.5は、ステップ2の不等式の範囲に入らないので、**仮説は棄却**される。すなわち、おにぎり製造機のつくるおにぎりの重さの平均値は110グラムからずれてしまっている、と結論される。

〔ステップ2〕の最後の不等式を見ればわかるように、$\mu=110$という仮説の下で、16個の標本平均は、109.02と110.98の間というきわめて狭い範囲（幅1.96グラムの範囲）に、95パーセントの確率で入ると予言できる。

これは、**多くの標本をとって標本平均を計算することで、母平均のそばの数値に近づく**ことを意味している。

差の検定

推測統計って、使えそうだし、そんなに複雑じゃないのね。推測統計を使えば、「富裕層は商店街では買い物してないんじゃないか」っていう仮説の検証もできるわけ？

まさに、それを判断できるのが、「差の仮説検定」ってものだ。

「差の仮説検定」って、どういうもの？

標本のセットが２組あるとしよう。知りたいのは、そのふたつの標本が同じ正規母集団から観測されたものかどうかの検定だ。このとき、それぞれのセットで標本平均を計算する。大ざっぱに言えば、このふたつの平均値が近い数値なら、言い換えると、ふたつの平均値の差が０に近いなら、「同じ母集団から観測された」と判断できる。逆に、０から遠いなら、「同じ母集団からの標本ではない」と判断すべきだ。でも、その判断を科学的にするためには、「差がどの程度０から遠いとき、違う母集団と判断するか」をきちんと決める必要がある。それに仮説検定を用いるわけだ。

仮説検定の原理と標本平均の確率法則が整ったので、マンガ中に出てくる**「差の検定」**を解説することができるようになった。マンガでの問題をそのまま例としよう。

> **〔Case３〕商店街の高所得者率は高まっているのか？**
> 当商店街のA店で200人の客を調べたら、30人が高所得者だった。一方、別のうまくいっている商店街のB店で200人の客を調べたら、50人が高所得者だった。A店とB店の客の高所得者率は同じだと判断できるだろうか？

客を観測して高所得者であることを１、そうでないことを０とすれば、母集団は１と０からなる福引き箱と見なせるので、コイン投げと同じタイプの母集団となる。この母集団から高所得者を観測する確率pがパラメーターとなる。

A店では、200の標本のうち１が30、０が170だから、標本平均は

$(1\times30+0\times170)\div200=30\div200=0.15$

だ。

B店では、200の標本のうち１が50、０が150だから、標本平均は

$(1\times50+0\times130)\div200=50\div200=0.25$

である。

このとき、次のふたつの可能性が浮かぶ。

〔可能性１〕

A店もB店も、同じパラメーターの値pの母集団から標本が観測される。すなわち、A店もB店も、高所得者の来店確率は同じである。

〔可能性２〕

A店ではパラメーターp_1の母集団から標本が観測され、B店ではパラメーターp_2の母集団から標本が観測され、p_1とp_2は異なる数値である。すなわち、

A店とB店では、高所得者の来店率が異なっている。

このどちらの可能性が真実かを推定するのが、**「差の検定」**である。基本原理は次のようになる。

A店もB店も、どちらも高所得者の来店率が同一のpであったと仮定し、そのとき、**A店での来店率は0.15でB店での来店率は0.25であるという差は、偶然の範囲内と言えるか**を判断する。

これを解くために、まず、次の法則を持ってこよう（詳しくは、確率論の教科書を参照してほしい）。

コイン投げの標本平均の近似法則

母集団は、１が確率pで、０が確率１－pで観測されるようなコイン投げのタイプとする。このとき、十分大きいn回の観測で得た標本たちの標本平均は、

母平均μ＝p、母分散σ＝p(１－p)÷n

の正規母集団からの１個の標本を観測することと同一視できる。

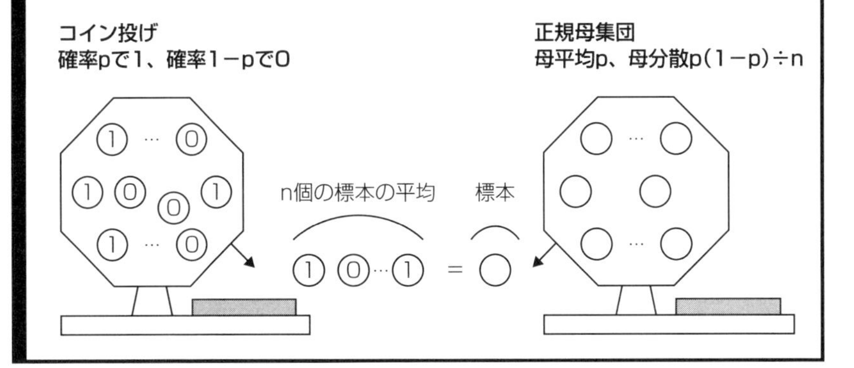

これを前提として、以下のようなプロセスで差の検定を実行する。

〔プロセス1：まず仮説を立てる〕

A店とB店の高所得者の来店率が同じということを検証したいのだから、**どちらの店も、確率pで標本1が観測されるような母集団**と仮定する。

200の標本数は十分に大きいので、上記の近似法則から、どちらも、

母平均p、母分散p(1－p)÷nの正規母集団

と仮定できることになる。

〔プロセス2：共通の確率pを推定する〕

どちらの母集団も確率pのコイン投げだという仮説を立てたので、標本を合併する。合併した標本400のうち、30＋50＝80が標本1であるから、共通の確率をp＝80÷400＝0.2と推定するのが妥当であろう。なぜなら、標本を増やせば、標本平均は母平均に近づくから、合併して値を出したほうがよい。すると、今、共通と仮定している正規母集団は、

母平均＝0.2、母分散＝p(1－p)÷n＝0.2×0.8÷200

となっている。

〔プロセス3：標本平均の差の確率法則を見出す〕

A店の母集団を母集団A、B店の母集団を母集団Bと記すことにする。

今、どちらも、母平均0.2、母分散0.2×0.8÷200の正規分布と仮定されている。

このとき、正規母集団Aからの標本aと正規母集団Bからの標本bを観測し、その差(a－b)を計算するときの確率法則を考えると、差(a－b)は、a＋(－b)と書き換えることができる。

aは母平均0.2で母分散0.2×0.8÷200の正規母集団からの標本である。一方、(－b)は同じ正規母集団からの標本にマイナスをつけたものにすぎない。

標本にマイナスをつけたので、(－b)の母平均は(－0.2)だ。他方、正規分布は左右対称だから、揺らぎ・広がりは変化しないので、母分散は0.2×0.8÷200である。すると、**「正規分布の混合法則」**から、標本がa＋(－b)と同

一視できる正規母集団Cは、

Cの母平均＝0.2＋（－0.2）＝０
Cの母分散＝（Aの母分散）＋（Bの母分散）
＝（0.2×0.8÷200）＋（0.2×0.8÷200）
＝（0.2×0.8÷200）×２
＝0.2×0.8÷100＝0.0016

となる。

したがって、

Cの母標準偏差＝$\sqrt{0.0016}$＝0.04

である。

まとめると、**標本平均の差（a－b）は、母平均０、母標準偏差0.04の正規母集団からの１個の標本と同一視できる。**

〔プロセス４：標本平均の差の予言範囲をつくる〕

標本平均の差（a－b）が、母平均０、母標準偏差0.04の正規母集団からの１個の標本と同一視できるとわかったので、95パーセントの確率で（a－b）が含まれる範囲をつくる。

それは標準化によって、標準正規母集団の数値に直すことで、

－1.96≦（x－０）÷0.04≦＋1.96

三辺に0.04を掛けると、

－0.0784≦x≦0.0784

したがって、仮説が正しい下では、A店の標本平均とB店の標本平均の差は、－0.0784と＋0.0784の間の数値となると予言できる。

〔プロセス５：仮説を棄却するか・しないかの決定〕

仮説「A店とB店の高所得者の確率pは同じ」の下では、A店の高所得者の標本平均と、B店の高所得者の標本平均の差は、－0.0784と＋0.0784の間の

数値となるはずである。実際の標本での差を計算すると、0.15−0.25＝−0.1であり、この範囲に入っていない。したがって、仮説は棄却される。

すなわち、**「A店とB店の高所得者の来店率は異なっている」**ということになり、A店とB店とでは、高所得者の評価が異なる、と結論される。

以上が標本平均の差を使った仮説検定である。

今までのすべての知識を総動員したことにお気づきだろうか。実際、コイン投げ母集団、正規母集団、正規分布の混合法則、標本平均の確率法則、仮説検定がすべて用いられている。これをもう一度読み直し、自分のものとすれば、仮説検定の極意の免許皆伝である。

4章

区間推定
～安全な予測を行う～

携帯は？
置いて行っちゃった
さぁ ここ5日くらい
どこに行ったか
わからないのよ
えぇ！
晴香どこに
行ったんですか？
三浦洋食店
STORY 4
ホコリが街を救う？
ははははは
そんな子じゃないわよ
そのうちひょこっと
帰ってくるって
まさかの
身投げ…
そ…そんな…
あいつ…
商店街改装が
思ったよりうまく
いかなかった
責任とって…
プル
プル
誰がいなく
なるって？
キィ…
カラン
カラン
おれ…晴香が
いなくなったら
どうやって
生きていけば…
けど…結構
落ち込んで
いたんですよ
……
ふぐぅ…

みんなこそ
どうしたの？
トルコライス
食べに来たの？
めずらしいわね
おかえりー
お前が
いなくなって
心配して
たんだよ！
わぁ！
晴香っ!!
どうして
ここに？
ここ
私ん家だから
なんの？
調査？
ごめんごめん
調査に
行っていたのよ
へへへ
そんなことまで
統計学で
できるのか？
全国で有名な商店街は
どうして人が集まるのか
統計学で導き出せないか
調べに行ったの
数沢さんに
アドバイス
もらったのよ

そして自分で
調査してみたの
その結果
その場所でしか手に入らない
特別なものに集客力がある
という結論に至ったたわ
なるほど…
まぁ当然と言えば
当然な気もするが…
ちょ…
ちょっと待て
何よ？
全国に調査に
行ったって
言うけど
たった５日だろ
何ヶ所回って
その結論に
至ったんだ？

えーと
20ヶ所くらいかな
たった20ヶ所しか
検証しなくて
大丈夫なのか？
どうせならもっと
全国を調査したほうが
いいんじゃないか？

オレたちは
もう失敗
できないんだぞ
それは
大丈夫
20ヶ所の調査でも
明確な手ごたえが
あったのなら
十分だ…
って数沢さんに
言われたわ

なるほど…
数沢さんにねぇ…
それじゃあ
今回の20例でも
信ぴょう性が
あるってことか…
理屈は
わかったけど
具体的に
地元でしか
手に入らない
特別なもの
ってなんだ？
たとえば
地元限定
サイダーや
地元限定の
お菓子とか…
限定
能田島山サイダー
あと
大学マグロは
成功例ね
なるほど…
フム…
けどうちの
商店街にしかない
特別なものなんて
あるのか？
だから
探すのよ！
そのために
帰って
きたんだから！
よし
青年部全員で
探そう！
いや…
ん？

人数は多い
ほうがいい
商店街全体の
問題じゃないか
ニヤリ。。。
よしわかった
八七地区公民館

そうだな
青年会だけには
任せておけねぇ
そういうことだったら
ワシらも考えるぞ
うちの商店街にしか
ないものを探せぇ！
おぉ!!

活魚商店

数日後

八七地区公民館
これ何？

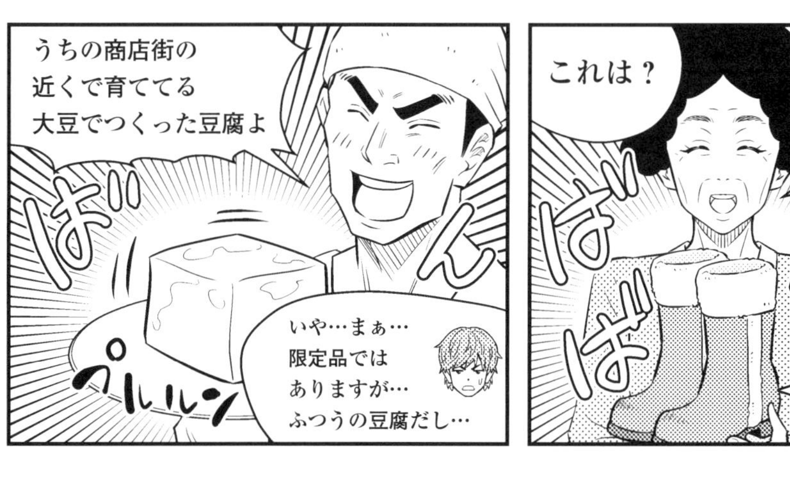
うちの商店街の
近くで育ててる
大豆でつくった豆腐よ
ばばーん
プルルン
いや…まぁ…
限定品では
ありますが…
ふつうの豆腐だし…

これは？
うちの
商店街で長年
眠り続けている
売れない靴たち
ばばん！
いや…
在庫処分
じゃないし

これは？
母ちゃんの
煮っころがし
おいしい
けど…
もぐもぐ

近くに
大学マグロ
いないの
かしら…
もっと
大学マグロくらい
インパクトあるもん
ないかな…
やんや
やんや
やんや
もぐ
もぐ
もぐ
もぐ
もぐ
……
……
もぐ
もぐ
もぐ
もぐ
あっ
大学！
研究室
数沢　九十九
で
ここに集まったって
ことかい？
ズ
しっ

君たちの想像力はすごいね
確かにあれは特別なものだから
おいしい料理はより
おいしくなるだろう
じろ…
だがそれくらいで
人が飛びついて
来るのかい？
あれとっても
おいしかったんです
この前食べさせて
もらった料理
数沢さんの
「秘密の素」を使えば
きっと商店街限定品が
できるはずです！
まぁ難しい
だろうね
えっと…
わざわざ
君たちの
商店街に足を
運ぶかい？
そ…
それは…
え…
ストーリーを加えれば
多くの人の目に
留まるかもしれないぞ
ストーリー？
ただ…
ピクッ
！
よくよく考えると
人を呼べるほどの
魅力ではないのかも…
がくっ
……

常在菌と
非常に似た
構造なんだ
実はあの
「秘密の素」は
ミナキタ諸島に
しかないと
言われている

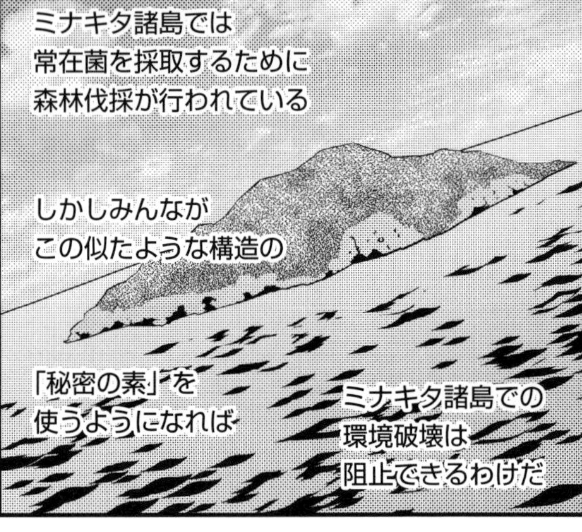
ミナキタ諸島では
常在菌を採取するために
森林伐採が行われている
しかしみんなが
この似たような構造の
「秘密の素」を
使うようになれば
ミナキタ諸島での
環境破壊は
阻止できるわけだ

わっ
えっ
なんだかすごそう…

おいしいし
環境に
やさしいなんて
なんて最高の
付加価値だ
それって環境に
やさしい商品を
セレブは率先して
買うってことに
結びつかない？
社会貢献
できるのは
オレたちも
嬉しいし

ああすごいよ
僕の大発見
だからね
めちゃくちゃ
すごくないですか!!
くくくっ…
なんか
ムカつくわね

どうして教えてくれたんですか？
ワイ
ワイ
え…
少し前の数沢さんだったら
絶対に自分から教えてくれなかったですよね
……
ワイワイ
すげ〜
これはいけるな!!
な…なんだと
またまた意地はっちゃって
こうでもしないと君たちは帰ってくれないだろ
やっぱりなんだかんだ言って優しいですね
………
はぁ…

数沢さん
あなたの「秘密の素」
使わせてもらって
いいか？
元々は この子（晴香）の家に
あったもんだ
好きに使えばいい
!!
わぁい!!
やったぁ！
さっそく
商品づくりだ！
おぉーーーーーーーーー！
あ
もうひとつ
聞きたいことが…
ん？

というわけで…
地区公民館

みなさんに
コレを使った
商品の開発の
ご協力を
お願いします
この「秘密の素」を使った
商店街限定品を
売り出したいと
思っています
ワアアアア
パチ
パチ
パチ
パチ
パチ
パチ
パチ
アア
はい？
チョット
待ってくれ
確かに
それはおもしろい
環境破壊を
止められるん
だったら
言うことは
ないだろう
では何が？
それを商店街全体に
安定供給することは
できるのかだ！
ワシが
気になるのは
売れすぎて
安定供給できない
商品は企業が
いったん出荷を
止める話
よく
あるだろう
！

もし思惑通りに人が増え
いざここからってときに
「秘密の素」がなくなりました
なんてことになったら
信用はガタ落ち
もう二度と
立ち直ることはできんぞ
ざわ
確かに…
ざわ
ざわ
それは
そうだ…
なんだか心配に
なってきた…
みなさん
区間推定を
ご存知ですか？
え…？
ん？
あ…
もうひとつ
聞きたいことが…

統計学でも
それと同じ
ことをするの

$\mu=\triangle$ → 95% △ 観測値 → 棄てる

ある数値を
予想したい時

$\mu=\square$ → 95% □ 観測値 → キープ

ピンポイントの予想は
危険すぎるから
幅をもたせて
予想するわけ
しかも　95パーセントの
信頼性が担保される
ような幅を選ぶのよ

この場合
区間推定によると
１ヶ月あたりの
生産量は
$250 \leqq \mu \leqq 280$
となる

１ヶ月

$$250 \leqq \mu \leqq 280$$

$$-1.96 \leqq \frac{x-\mu}{\sigma} \leqq +1.96 \rightarrow 250 \leqq \mu \leqq 280$$

つまり
95パーセントの
確かさで
月の必要量260を
まかなえる
というわけ

95パーセントならば
大丈夫か
なるほど
よし思い切ったもん
つくったるぞ！
オオオオ!!
1週間後
鈴木惣菜店
ふくや服
ミニー商店街
とつ
とつ

偉くないです
お あんた
大学の偉い
先生なんだろ
僕で
いいんですか？
試食してみて
くれないか
これアンタがくれた
「秘密の素」で
つくった
煮っころがしだよ
もちろん

おいしい
どうだい？
……
もぐ
もぐ

だろ
よし持って
帰ってちょうだい
どん
こんなに
いりません
気持ちだよ
いいから
持って行きな

お　大学の先生じゃないか
ちょっとこれ食べてってよ
お弁当！
またですか？

今度はこっちね
かきあげ！

こっちもあるよ
あんかけチャーハン

カランッ
カランッ
浦洋食店
三浦洋食店
☎000-×××
毎日11時から14時まで
ランチ
いらっしゃいませ

トルコライスを
食べに来たんだが
もう
お腹いっぱいだ
どッさり
なんですか？
その荷物
帰る
あっ！ちょっ…
荷物半分
持ちますよ
じゃあ
へ…？
商店街のみんな
数沢さんに
感謝しているんですよ
老舗
おかず

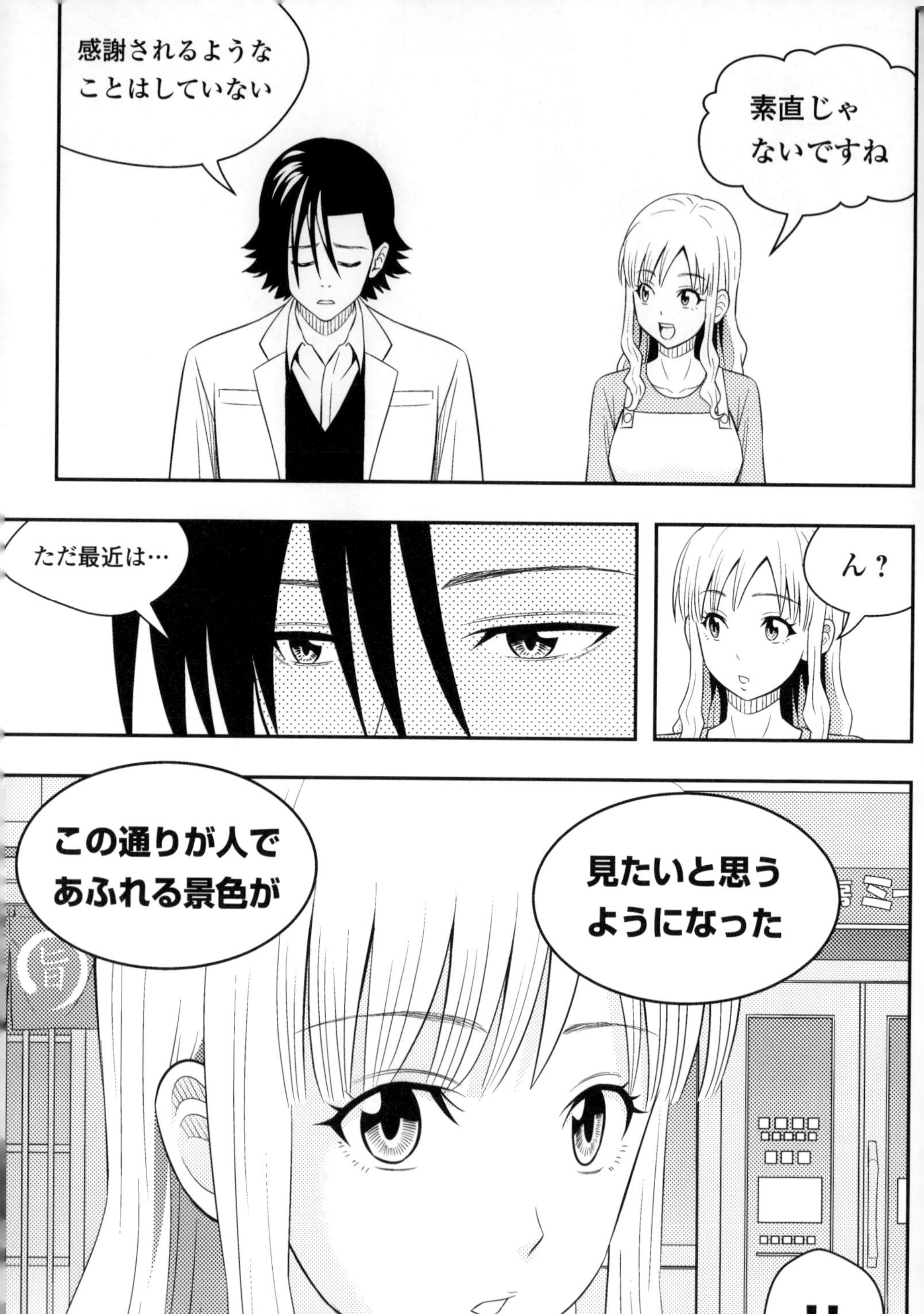
感謝されるような
ことはしていない
素直じゃ
ないですね
ん？
ただ最近は…
見たいと思う
ようになった
この通りが人で
あふれる景色が
!!

けど…
本当に
うまくいくかな…
嬉しいこと
言ってくれる
じゃないですか
……
イラッ…
つん
つん
本当に成功するん
だろうかって…
どんどんと企画が
進めば進むほど
不安になってくるの…
からあげ
たこやき
商店街
ミニー商店街
おぉ！
……
統計学で
成功する確率を
上げられないかな？
統計学はあくまで
ツールでしかない
問題を表面化する
ことしかできない
って言っただろ
けど…

最も大切なのは
!!
一歩を踏み出す
勇気なんだよ
勇気…

やるしか
ないわね！
そうね
グッ

デートじゃ
ないです！
あらお二人さんデート？
ちょっと試食していってよ
ウプッ…
肉のさと味や
OK

区間推定は、いわば「ボックス買い」

第３章の解説で述べた通り、統計的推定とは「観測された標本から母集団のパラメーターを推測する」方法論だ。第３章の解説では、仮説検定という方法を解説したが、ここではもうひとつの方法を伝授しよう。

それは、**「区間推定」**と呼ばれるものである。

区間推定は、ざっくり言えば**「ピンポイントで推測すると当たらないので、幅をもって予測する」**ということに過ぎない。当たり前と言えば、当たり前の手法である。

たとえば、ある機械の故障確率を知りたいとする。

170ページで述べたように、これはコイン投げタイプの母集団（１と０を標本とする）に関して、故障確率（標本１が観測される確率）のパラメーターpを推測することと同じである。

たとえば、25回稼働して、そのうち３回故障したとしよう。

このとき、故障確率pは

故障回数÷稼働回数＝３÷25＝0.12
であると推測するのが自然である。

しかし、pを0.12と決めつけてしまうのは「行き過ぎ」だと誰もが感じるのではないか。なぜなら、観測回数が25回程度なので、ふたつの意味で不完全性があるからだ。

まず、25回の観測では、0.04刻みの推定値しか得られない。なぜなら、１が１回観測されるごとに、平均値は$\frac{1}{25}$＝0.04ずつ増えるからだ。仮に、故障確率pが0.125だったら、25回の観測から今の計算でこれを得ることはできない。

そして、25回の観測では揺らぎが大きいので、0.12という推測値から真実の確率pが結構ずれていることもありうるだろう。第３章で解説したように、観測した標本の標本平均は、標本数が多いときは母平均に近くなるが、標本数が少ないときはそうとは言えないからだ。

■幅をもたせることで安全性を担保する

故障回数÷稼働回数という標本平均を推測値とすることには、こういう不完全性があるため、**標本数がさほど多くないときは、なんらかの安全策をとる必要がある。**

そういう安全策のひとつが**「幅をもたせて推測する」**ことなのである。

これは、競馬で**「ボックス買い」**をする戦略と同じである。

ボックス買いとは、数頭の馬のうちの２頭を１、２着とする全組み合わせの馬券を買うことだ。たとえば、１、３、４、７の馬のうち、どれか２頭が１、２着になるとは予想しているが、そのうちどの組み合わせであるかまでは予測がつかないときに、１－３、１－４、１－７、３－４、３－７、４－７の馬券（馬連）をすべて買う（これは、１、３、４、７とマークするだけで買える）。このようにすれば、１－３だけを買うのに比べ、当然、当たる確率が大きくなる（もちろん、その分、支払いは多くなる）。

それでは、先ほどの故障確率の推測で、このような「ボックス買い」的な戦略をするにはどうするのか。

それは、p＝0.12とピンポイントで推定せずに、たとえば0.12を含む区間0.11≦p≦0.13などのように、**「不等式で推定する」**ことである。

もちろん、こうすれば、真の値が当たる確率は大きくなる。**大事なのは、その「当たる確率」をきちんコントロールすること**である。

■キープするpとはどういうものか

安全性が担保できるのはありがたいけど、「当たる確率のコントロール」なんて、本当にできるわけ？

母集団のタイプが、たとえば「正規母集団である」といったように特定されていれば可能だ。正規母集団の場合は、標準化すれば観測される標本を0.95の確率で予言することができるからだ。

区間推定のイメージを図解すると、【図37】のようになる。

機械を25回稼働させて標本をとったとき、たとえば、図のように観測されたとする（1が故障、0が正常）。

25回のうち故障（標本1）が3回のとき、素直に故障確率を推測するなら、図の真ん中の母集団p＝0.12であろう。しかし、p＝0.11という母集団から同じ標本たちが観測された、ということも否めない。だから、ボックス買いと同じく、**ある範囲のpを束にしてキープして推定の範囲とする**のである。

それでは、**「どのpをキープし、どのpは外す」**と判断するべきだろうか。

以下では、その考え方を述べる。

たとえば、p＝0.1の母集団はキープすべきだろうか。

これを判断するために、母平均がp＝0.1だったら、25個の標本の標本平均がどの程度の大きさと観測されるのが「ふつう」かを考える。もしも実際に観測された「0.12」という標本平均が「ふつう」「月並み」の値だったら、p

図37 ┃ 区間推定のイメージ

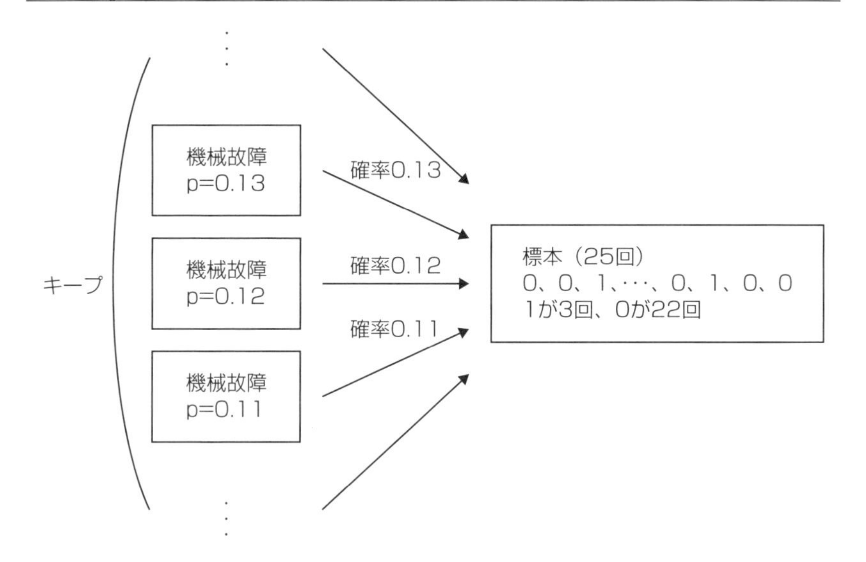

＝0.1の母集団はキープしていたほうが安全だ。他方、実際に観測された「0.12」という値が「特殊」「異常」であれば、p＝0.1という母集団はまずない、と判断してもリスクは少ないだろう。

まず、197ページで解説した以下の法則を思い出そう。

コイン投げの標本平均の近似法則

母集団は、確率pで標本１が、確率１－pで標本０が観測されるようなコイン投げのタイプとする。このとき、十分大きいn回の観測で得た標本たちの標本平均は、

母平均μ＝p、母分散σ＝p(１－p)÷n

の正規母集団からの１個の標本を観測することと同一視できる

ここでは、25回の観測をしているので、n＝25となる。これは母集団が正規分布であると判断するにはまずまずの観測回数と判断してよい（本当は30回より多いほうが望ましいが、数値計算の都合から25回で説明する。225ペ

ージでは「揺らぎが大きい」と言ったが、「正規分布と見なせる」ことと「揺らぎ」とは別の話である)。

したがって、機械故障p＝0.1の母集団から25回の観測をして標本平均を求めることは、

母平均μ＝0.1、母分散σ＝0.1×0.9÷25＝0.09÷25

の正規母集団から1個の標本を観測することと同一視できる。

このとき、母標準偏差は母分散のルートであるから、

母標準偏差$=\sqrt{0.09 \div 25}=\sqrt{0.09} \div \sqrt{25}=0.3 \div 5=0.06$

と求められる。

この正規母集団から、0.12の標本が観測されたわけだから、これを標準化して標準正規母集団の数値に直すと、

[標準化]$=(0.12-0.1) \div 0.06=0.02 \div 0.06=$約0.33

これは-1.96以上$+1.96$以下の数値なので($-1.96 \leqq 0.33 \leqq +1.96$ということ)、95パーセントの確率で観測される数値の中のひとつだ。

したがって、母平均0.1、母標準偏差0.06の正規母集団から標本0.12が観測されることは十分ありうる(95パーセントの確率で起きる)と考えられることなので、p＝0.1という母集団は安全のためキープしておくほうが無難である。

■95パーセント信頼区間

前節の議論から、**「安全のためにキープしておくべきp」**は、次のように決められることがわかる。

安全のためにキープしておくp

母平均＝p、母分散＝p(1－p)÷25の正規母集団から、標本0.12が観測されたとして、これを標準化した数値が**－1.96以上＋1.96以下**だったら、pは**「ありうる母集団の数値」**としてキープしておく

これにしたがって、キープすべきpの範囲を求めよう。

母標準偏差は、

$$母標準偏差 = \sqrt{p(1-p) \div 25} = \sqrt{p(1-p)} \div \sqrt{25} = \frac{\sqrt{p(1-p)}}{5}$$

0.12を標準化すると、

$$(0.12-p) \div \frac{\sqrt{p(1-p)}}{5} = (0.12-p) \times \frac{5}{\sqrt{p(1-p)}} = \frac{5(0.12-p)}{\sqrt{p(1-p)}}$$

これが、－1.96以上＋1.96以下の範囲に収まるpはキープするのだから、

$$-1.96 \leqq \frac{5(0.12-p)}{\sqrt{p(1-p)}} \leqq +1.96$$

という不等式が満たされるpをキープすることになる。

pを動かしながら、愚直に真ん中の項（標準化）を表計算ソフト・エクセルで計算してみると、pが0.12の近くでは標準化は当然０に近い値となる。

pを0.01刻みでだんだん小さくしていくと、p＝0.04に至って標準化は約2.04となって1.96を上回る。また、pを0.01刻みでだんだん大きくしていくと、p＝0.3に至って標準化は約(－1.964)となって(－1.96)を下回る。

したがって、キープすべきpは、だいたい、「0.03以上0.3以下」だと判断することができる。

このキープすべきpの範囲のことを**「95パーセント信頼区間」**と呼ぶ。この「95パーセント信頼区間」を求めることを**「区間推定」**という。

区間推定の計算をしてみよう

前節の故障確率の区間推定の例は、計算がルートの入った複雑な不等式でわかりにくいので、別のもっとわかりやすい区間推定の例を考えよう。第3章の解説で扱った、おにぎり製造機を再度取り上げることにする。

〔Case4〕おにぎり製造機の区間推定

おにぎり製造機でつくられたおにぎりの16個をでたらめに取り出して、重さを測ってみた。それらは、112、109、111.2、…、108.7であり、その標本平均は111.5グラムであった。おにぎり製造機のつくるおにぎりの重さの標準偏差が２グラムであると知っているものとする。

おにぎり製造機のつくるおにぎりの平均値を区間推定し、95パーセント信頼区間を求めよ。

この問題は、次のような対応をさせてみれば、製造可能な「秘密の素」の量を区間推定したマンガ中のエピソードと完全に対応していることがわかるだろう。

おにぎりの母集団の母平均	製造できる秘密の素の量の母平均
重さを測ったおにぎりの重さの標本平均	実験的に製造して観測された秘密の素の製造量
おにぎりの重さの母平均の95パーセント信頼区間	製造できる秘密の素の量の95パーセント信頼区間

では、この区間推定のプロセスを列挙しよう。

〔プロセス１〕

推定したいパラメーターを母平均μという形の変数を設定する。母標準偏差は２とわかっているから、**母平均μ、母標準偏差２（母分散＝2^2＝４）の正規母集団**となる。

〔プロセス２〕

16個の標本を観測し、標本平均を計算することは、母平均μ、母分散４÷16の正規母集団から１個の標本を観測することと同一視できる。

この正規母集団の**母標準偏差は、$\sqrt{4\div16}=\sqrt{4}\div\sqrt{16}=2\div4=0.5$**となる。

〔プロセス３〕

母平均μ、母標準偏差0.5の正規母集団から、**標本111.5**が観測されたとして、それを標準化する。

〔プロセス４〕

〔プロセス３〕の標準化が**「−1.96以上＋1.96以下」**となるようなμの範囲を求める。

この4段階のプロセスを眺めると、第3章の解説で述べた、「確率の逆問題を順問題に直す」作業が実現されていることがわかるだろう。

母平均μを変数として文字で固定することで、母集団の形が明確になった。

その上で、観測された標本111.5を標準化しているが、標準化という作業は言うまでもなく、確率を順方向で計算することである。このように、**区間推定でも「確率の逆問題」を「確率の順問題」に直している**のである。

さて、〔プロセス1〕と〔プロセス2〕は、もうそのままでよいので、〔プロセス3〕と〔プロセス4〕を具体的に計算していこう。

〔プロセス3〕

母平均μ、母標準偏差0.5の正規母集団から観測された標本111.5を標準化すると、

(標準化)＝(111.5－μ)÷0.5

となる。

〔プロセス4〕

標準化が「－1.96以上＋1.96以下」となるμは、不等式

$-1.96 \leqq (111.5-\mu) \div 0.5 \leqq +1.96$

を満たすμである。

この不等式を次のように解く。まず、三辺に0.5を掛ける。

$-1.96 \times 0.5 \leqq (111.5-\mu) \div 0.5 \times 0.5 \leqq +1.96 \times 0.5$

真ん中は、0.5で割って0.5を掛けているので、打ち消し合っている。

$-0.98 \leqq 111.5-\mu \leqq +0.98$

三辺から111.5を引く。

$-0.98-111.5 \leqq 111.5-\mu-111.5 \leqq +0.98-111.5$

真ん中は、111.5が消え去るので、

$-112.48 \leqq -\mu \leqq -110.52$

三辺に(－1)を掛ける。マイナスの数を掛けると、不等号は向きが逆転することを思い出そう。

$$112.48 \geqq \mu \geqq 110.52$$

以上によって、μの95パーセント信頼区間は、$110.52 \leqq \mu \leqq 112.48$、とわかる。

■区間推定で何がわかるのか

95パーセントの信頼性ってどういうこと？　外れる確率は５パーセントしかないという意味？

「95パーセントの信頼性」と言って、「95パーセントの確率」とは言わない、ってことが大事なんだ。

信頼性と確率は違うの？

95パーセントの確率と言ったときは、その出来事そのものについて言っているんだ。でも、95パーセントの信頼性と言った場合は、その出来事ではなく、判断をしている方法論について言っている。

方法論ってどういうこと？

たとえ話をしよう。今、100枚のカードがあって、１から100までの数字のうちのひとつが書かれたカード１枚ずつから構成されているとしよう。そのうちの１枚が当たりカードとする。晴香がこの百枚から95枚を選んだ。選んだ中に当たりのカードがある確率は？

それくらいなら、わたしにもわかる。当たる確率は95パーセントでしょ。

そうだね。それじゃ、別のゲームをしよう。今度は、100枚のカードはカードケースに入っていて、そのケースが100個あるとする。100個のうちの95個のカードケースには、それぞれ51枚の当たりカードが入っている。他方、残りの５個のカードケースについては、当たりカードは１枚も入ってない。つまり、100枚全部がはずれってこと。さて、君は100個のカードケースからひとつを選ぶ。そして、そのケースを開けて、１組のカードを取り出して、50枚のカードを選ぶ。このとき、君が当たりカードを引く確率は？

うーん、難しいわ。当たりの入っていないケースを選んでしまったら、いくら50枚のカードを引いても当たるわけがないわよね。でも、当たりの入っているケースを選んでいれば、当たりが51枚、はずれが49枚なんだから、50枚のカードを引けば、必ずその中に当たりのカードが入っている。

なかなか、いい着眼をしてるよ。

わかった！　ケースに入っているカードに当たりが入っていれば、50枚引くことで必ず当てることができる。だから、問題は当たりが入っているカードケースを選べるかどうか。100個のカードケースのうち、95個が当たりカードの入ったケースだから、それを引く確率は95パーセント！

正解！　最初のゲームの例は、文字通り、君が選んだカードの中に当たりが入っている確率。二番目のゲームの例は、君が100個のカードケースからひとつを選び、そこから50枚のカードを選ぶ、という方法論を使うことで、君が当たりを引ける確率。つまり、君がこの方法論でゲームに参加する場合に当たりを引ける確率であって、目の前の選んだ50枚に当たりがある確率じゃない。

そうか。目の前の50枚のカードには「必ず当たりがある」か「絶対当たりがないか」のどちらかだものね。だから、ここでの「当たる確率」は、ゲームにくり返し参加して、同じ方法を使うとしたら、どの程度当てることができるか、ってことなのね？

その通り。

ここで計算した結果は、次のことを意味する。

「16個のおにぎりの標本平均が111.5グラムであることから、おにぎり製造機のつくるおにぎりの重さの母平均は111.5グラム近辺と推測される。しかし、ピンポイントで111.5グラムと判断するのは危険である。母平均111.7グラムの正規母集団から111.5グラムの標本平均が観測された可能性も否めないからだ。

では、どのくらいまのでμをキープすれば、安全性が十分に高まるだろうか。統計学の流儀では、110.52グラムから112.48グラムまでをキープしておけば、十分な信頼性が得られる。

ここで、**「95パーセント信頼区間」と言って、「95パーセント確率区間」と呼ばないことが重要**だ。

なぜなら、この結論は「μが区間$110.52 \leqq \mu \leqq 112.48$にある確率が0.95」という意味ではないからなのだ。

なぜ、そうでないか、というと、「μが区間$110.52 \leqq \mu \leqq 112.48$にある確率が0.95」という場合には、$\mu$が（サイコロの目のように）確率的に変動する不確実性をもつ量でなければならない。それは、（サイコロのような）同一の確率のしくみから発生するものだ。

しかし、μは注目している正規母集団の母平均であり、確率的に変動する量ではない。別の言い方をするなら、μが動くと母集団が動いてしまい、確率的なしくみが変化してしまう。したがって、μは確率的な変数ではないのである。

だから、区間推定では、「95パーセント信頼区間」のように「信頼」という言葉を使う。

ここでの「信頼」とは、どういう意味なのだろうか。それについては、239ページで説明する。

区間推定と仮説検定はオモテ・ウラの関係

「95パーセント信頼区間」の中の「信頼」の意味を理解するためには、次のことを理解するのが近道である。すなわち、**「実は区間推定と仮説検定はオモテ・ウラの関係にある」**という点だ。

もう一度、区間推定のプロセスを見直してみよう。

〔プロセス1〕

推定したいパラメーターを母平均μという変数で設定する。母標準偏差は2とわかっているから、**母平均μ、母標準偏差2（母分散$=2^2=4$）の正規母集団**となる。

これは、仮説検定で、ある母平均を仮説として選んだこと、に対応している。仮説検定では具体的な数値としたが、ここではμという文字で仮説を立てている、と理解してみよう。

すると、

〔プロセス２〕
16個の標本を観測し、標本平均を計算することは、母平均μ、母分散4÷16の正規母集団から１個の標本を観測することと同一視できる。この正規母集団の**母標準偏差は、**$\sqrt{4 \div 16} = \sqrt{4} \div \sqrt{16} = 2 \div 4 = 0.5$となる。

このプロセスは、仮説が正しい下で、正規母集団から16個の標本を観測して標準偏差をとることを、別の正規母集団から１個の標本を観測することと同一視している。これも、仮説検定のプロセスと同じである。
さらには、

〔プロセス３〕
母平均μ、母標準偏差0.5の正規母集団から、**標本111.5**が観測されたとして、それを標準化する。

〔プロセス４〕
プロセス３の標準化が**「−1.96以上＋1.96以下」**となるようなμの範囲を求める。

これらの２段階のプロセスは、仮説が正しい下で、95パーセントの確率で起きる範囲を特定することと対応する。ここで、出てきた不等式、

$$-1.96 \leqq (111.5 - \mu) \div 0.5 \leqq +1.96 \qquad \cdots①$$

は、仮説の母平均がμのときに、仮説を棄却しない場合の式と同じ意味なのである。
実際、194ページでは、$\mu = 110$グラムを仮説とした場合に、不等式

$$-1.96 \leqq (x - 110) \div 0.5 \leqq +1.96 \qquad \cdots②$$

を解いて、

$109.02 \leqq x \leqq 110.98$

と求め、観測された111.5グラムがxの範囲に入っていないことから、$\mu=$ 110グラムを棄却したのを思いだそう。

実は、②を解かないで別の判定の仕方ができる。それは、②のxに111.5をダイレクトに代入して、

$-1.96 \leqq (111.5-110) \div 0.5 \leqq +1.96$

が成り立つかどうかを見てもわかる。

真ん中の項を計算すると3となるから、この不等式は成立しない（3は1.96より大きい)。したがって、不等式②のxの範囲に111.5は当てはまらない(不等式の解でない）のである。

このことを踏まえると、母平均が具体的な数値110でなく、一般の文字μである場合の仮説検定は、②の110をμに置き換えた、

$-1.96 \leqq (x-\mu) \div 0.5 \leqq +1.96$

のxに111.5が当てはまるかどうかを考えることと同じだとわかる。だから、xに111.5を代入した不等式、

$$\mathbf{-1.96 \leqq (111.5-\mu) \div 0.5 \leqq +1.96} \quad \cdots③$$

を満たすμが棄却されないμにほかならない。

区間推定の不等式①とこの仮説検定の不等式③とを比較すれば、全く同一の不等式だと見てとれるだろう。

まとめると、こういうことになる。

「区間推定でキープする母平均μを求めること」は、「仮説検定で棄却されない仮説μをすべて求めること」と同じである。つまり、**区間推定で求められる95パーセント信頼区間とは、仮説検定で棄却されない母平均を集めて区間として表したものにほかならない**のである。このように、区間推定と仮説検定はオモテ・ウラの関係にあるのだ。

「95パーセント」が意味すること

なんで95%？　99%のほうがもっと安全じゃない？

仮説検定と区間推定にはふたつのリスクがあることを理解するのが大事だ。

ふたつのリスク？　何と何？

ひとつは正しい仮説を捨ててしまうリスク。もうひとつは誤った仮説をキープしてしまうリスクだ。

正しい仮説を捨ててしまうのはどういう場合？

棄却する（キープしない）確率を大きくしてしまう場合だ。95パーセントのほうが99パーセントよりも棄却するケースが多くなる。

そうか、もうひとつのリスクはその逆ね。99パーセントのほうが95パーセントよりキープするケースが多くなる、ってことか。

そういうことだね。両方を厳しくすることはできないから、どちらかはあきらめないとならない。

さて、235ページにおいて、区間推定の「95パーセント信頼区間」というのが、「確率95パーセントでその区間に推定値が入る」という意味ではない、と述べた。

その理由をひと言で言えば、**推定値は母集団のパラメーターだから、ひとつの確率的なしくみのもとで不確実な値をとるものではない**からである。別の言い方をすれば、「確率の順問題」ではなく、「確率の逆問題」だから、ということだ。

では、95パーセントの「95」とはどういう数値だろうか。

前節で、区間推定が仮説検定を別の面から見たものだとわかったことから、これに正確に答えることができる。**仮説検定における0.95とは、「同じ方法で検定を行えば、5パーセントの確率で誤りをおかす」という意味**だと説明したのを思い出してほしい。

区間推定でも、このことは全く同一である。**「同じ区間推定をくり返すと、推定したいパラメーターが信頼区間に入らないことが0.05の確率で起きる」**ということなのだ。

おにぎり製造機の例を用いて、もう少し具体的に説明しよう。

16個の標本平均から母平均μの区間推定をくり返すとしよう。標本平均が111.5グラムのときは、信頼区間は、$110.52 \leqq \mu \leqq 112.48$となった。

もう一度、別に16個の標本を観測して、その標本平均から信頼区間を求めると、$** \leqq \mu \leqq **$、という形の別の信頼区間が得られるだろう。

このような作業をくり返すとき、100回中だいたい5回は、推測した信頼区間「$** \leqq \mu \leqq **$」に真実のμが入らないことが起きる、ということなのである。

大事なことは、求められる信頼区間「$** \leqq \mu \leqq **$」において、確率的に変動するのは、左右の「＊＊」のところであって、μ自体は（確率的に）動かないということだ。

つまり、「95パーセント」というのは、一回の区間推定で求められた信頼区間$110.52 \leqq \mu \leqq 112.48$について何かを言及していることではなく、区間推定をくり返す際に、変動する区間「$* * \leqq \mu \leqq * *$」たちについて述べていることなのである。

別の言い方をするなら、**確率95パーセントとは、一回の推定についてではなく、くり返し行う作業全体に対して述べている**のである。

それで「信頼」という、作業全体を評価する言葉を用いるのだ。

ちなみに、パラメーターμを、非常に自然に、確率的な数値と見なす方法論もある。

これは、今まで解説してきた統計学とは別種の統計学で、「ベイズ統計学」と呼ばれる新しい統計学である。ベイズ統計では、$110.52 \leqq \mu \leqq 112.48$という区間が推定された場合、文字通り、「$\mu$が区間$110.52 \leqq \mu \leqq 112.48$にある確率が0.95」という意味に解釈することができる。

ベイズ統計については、拙著の参考文献『完全独習 ベイズ統計学入門』（ダイヤモンド社刊）で勉強してほしい。

統計的推定の免許皆伝

以上で、区間推定の解説が終了した。

ここまでたどり着けば、統計学の考え方の奥義が完全に理解できたに違いない。そして、ここまで読み終えたならば、もっと進んだ推定の仕方にも容易に挑戦できるようになっているはずだ。

本書では、推定を行う際、母標準偏差σがいつも与えられていた。これはとってつけたような設定である。現実の統計的推定では、当然、母標準偏差も未知だ。こういう場合は、カイ二乗検定とかt検定という別の仮説検定が必要になる。本書では、紙数の関係で、これらに触れることができなかった。

しかし、発想法は同じなので、免許皆伝した今となっては、これらの習得にそんなに苦労はないであろう。これらについては、拙著『完全独習 統計学入門』（ダイヤモンド社刊）でチャレンジすることをお勧めする。
同じ解説の仕方をしているので、理解が容易に違いないからだ。

それでは、本書を足場にして、めくるめく統計的推定の世界へと、次の一歩を踏み出してほしい。

Epilogue
次の一歩を踏み出そう
いらっしゃい！
三ニーせんべい
ひとつ頂戴
パーン
パーン
はいよー！
これが
噂の…
おいしいね
環境にも
やさしいって
テレビで
言ってたよ
三ニーせんべい
すごいね　こんなにも人が
集まるとは思わなかった
これまで
来てくれなかった
マンションの
富裕層たちも商店街に
来てくれるように
なったしね
この前なんて
こんなにおいしい
お店がこんな近くに
あるなんて
ビックリだって
言ってたよ
ふふふ…
けど一番
驚いたのが…

この外国人の数
さらに
うちの商店街が
注目されたからね
数沢さんが
世界的に権威のある
学会で評価されたことで
ブラボー!
パチ
パチ
パチ
パチ
ワ
ワ
ワ
ワ

……
この景色　見せて
あげたかったな
今や数沢先生は
偉い研究者
世界中飛び回って
忙しい日々でしょ
けど…
ちょっと残念
え…

わぁ
数沢っ！
どーん
ばっ
ばっ
うしろにいたっ!!
見てるよ
ひょっこり
数沢先生…
こんなところ
にいて
いいんですか？
え…
バカ言え
先生って
気持ち悪いな

ここでみんなが喜ぶ
姿を見るほうが重要だ
学会で評価される
ことより
せんべい
統計学で
導き出すぞ
さぁ
次の一歩を
どうするか
数沢さんっ
当然だ
さぁ
みんなで考えろ
えぇ！
また統計学ですかっ
ミニー商店街

おわりに
統計学へもう一歩を踏み出したいあなたへ

本書を読み終えた感想はいかがですか？　統計学が身近なものになったでしょうか？

もしも、そうなったのなら、ぼくの解説力というよりは、薙澤なおさんのマンガ力、葛城かえでさんのシナリオ力のおかげだと思います。ここにお礼を申し上げます。

マンガをつくりあげる作業は、大変だったけれど、とても楽しいものでした。みんなで知恵をしぼってストーリーをつくり、キャラクターを考えました。ふつうのマンガとは違い、「統計学を学ぶ」という本来の目的がありますから、ストーリーを自由奔放に組み立てるわけにはいきません。自ずと限界が出てきます。そんな中で、できる限り自然で、できる限りおもしろいストーリーをつくるのは並大抵のことではありませんでした。

何度も集まって、「ああでもない、こうでもない」とブレインストーミングをし、マンガづくりの大変さとおもしろさを満喫できました。

何より嬉しかったのは、主人公・晴香のイメージを決める際、ぼくがファンの、あるアイドルを参考にしてもらえたことです。そのアイドルが誰であるかはご想像にお任せしますが、その娘が大活躍する様子をマンガで読めるのは作者冥利に尽きました。

本書の特徴は、「マンガで学ぶ」ということももちろんですが、解説で新しい試みをしたところにもあります。

筆者は、これまで『完全独習　統計学入門』、『完全独習　ベイズ統計学入門』（ともにダイヤモンド社）という２冊の統計本を刊行し、とりわけ前者は10万部超のベストセラーとなっています。しかし、本書では、これら２冊には書かなかった工夫をいくつか導入しています。

たとえば、無限母集団を「福引き箱」でイメージしてもらうのがそのひとつです。このような工夫は、大学で統計学を講義する際に、学生さんたちの理解をなんとかアップさせようとして考え出したものです。読者が、このイメージを使って、統計学を我が物としてくれれば幸いです。

本書は、ストーリー・マンガという性質上、通常の教科書より解説できる統計学の量が制限されています。初歩中の初歩、基本中の基本に限定しました。なので、本文中にも書きましたが、本書を読んだ読者が進んで知りたい、と思うであろうことがいくつかあります。

そのひとつは、「母標準偏差も未知のままでの推定」です。本書の統計的推定では、母標準偏差は天下り的に与えられていました。これは紙数の制約上そうしたのですが、もちろん、母標準偏差を知らないほうが自然です。このような状況での推定には、カイ二乗分布とかt分布という、正規分布とは異なる確率分布が必要になります。これらについて知りたい方は、前掲の拙著『完全独習 統計学入門』をお読みください。本書の解説の延長上で解説していますから、すんなり理解できると思います。

もうひとつは、本文中にも書いた「95パーセント信頼区間の95というのは、真の母平均が区間に含まれる確率のことではない」という点です。この点が区間推定のキモでありながらも、我々の欲しい推定とはずいぶん隔たりがあるように感じられるでしょう。

ところで、推定が文字通り、「真の母平均が区間に含まれる確率」となる別の統計理論があります。それが最新の統計学である「ベイズ統計学」です。ベイズ統計学は、マイクロソフト社やグーグル社などがビジネスに活用したことで脚光を浴びるようになった最新の統計学です。

これについては、前掲の拙著『完全独習　ベイズ統計学入門』でわかりやすく解説しました。本書のあとに読めば、通常の統計学とベイズ統計学がどう異なるか、非常によく理解できると思います。

最後に、本書を企画し編集してくださった柏原里美さんのご苦労をねぎらいたいと思います。

2017年　4月　小島寛之

索　引

数字

英語

あ

か

さ

た

は

ま

や

[参考書籍・推薦書籍]

(初心者向け)
[1] 小島寛之『完全独習統計学入門』(ダイヤモンド社)
[2] 小島寛之『完全独習ベイズ統計学入門』(ダイヤモンド社)

(中級者向け)
[3] 石村貞夫『入門はじめての統計解析』(東京図書)

(上級者向け)
[4] P.G.ホーエル『入門数理統計学』培風館
[5] 久保川達也・国友直人『統計学』東京大学出版会

(P.88コラムで紹介した本)
[6] 鈴木義一郎『情報量規準による統計解析入門』講談社サイエンティフィク

[著者プロフィール]

小島 寛之（こじま ひろゆき）

1958年東京生まれ。東京大学理学部数学科卒業。
同大学院経済学研究科博士課程単位取得退学。
経済学博士。現在、帝京大学経済学部経済学科教授。
専攻は数理経済学、意思決定理論。
数学エッセイストとしても活躍。
主な著書に『完全独習統計学入門』『完全独習ベイズ統計学入門』（ともにダイヤモンド社）、『確率を攻略する』（講談社ブルーバックス）、『証明と論理に強くなる』（技術評論社）などがある。

[作画者プロフィール]

薙澤 なお（なぎさわなお）

2007年『赤マルジャンプ』(集英社)にてデビュー。以降、作画担当をメインに活動。現在、オリジナル作品『創造のリンゴ』を無料漫画アプリ「GANMA!」にて連載中。
刊行作品に、『まんがで読む平家物語』（学研）、『まんがと声で楽しむ福岡弁』（マイクロマガジン社）、『まんがでわかる頭を良くするちょっとした「習慣術」』（祥伝社）。

編集協力／MICHE Company.LLC
シナリオ制作／葛城 かえで
作画・カバーイラスト／蓮澤 なお

マンガでやさしくわかる統計学

2017年5月30日　　初版第1刷発行

著　者――小島 寛之

発行者――長谷川 隆
発行所――日本能率協会マネジメントセンター
〒103-6009　東京都中央区日本橋2-7-1 東京日本橋タワー
TEL　03(6362)4339(編集)／03(6362)4558(販売)
FAX　03(3272)8128(編集)／03(3272)8127(販売)
http://www.jmam.co.jp/

装　丁――ホリウチミホ（ニクスインク）
本文デザインDTP――株式会社明昌堂
印刷所――シナノ書籍印刷株式会社
製本所――株式会社宮本製本所

ISBN 978-4-8207-5972-0　C2034
落丁・乱丁はおとりかえします。
PRINTED IN JAPAN